# 超负荷的女性

## 看见内心的渴望与恐惧

冰千里 著

全国百佳图书出版单位
时代出版传媒股份有限公司
安徽人民出版社

## 自序　穿越逆境，以达繁星

作为心理咨询师，从业十几年来我遇到了形形色色的求助者。最开始，困扰他们的多半是各种关系，如亲子关系、伴侣关系、朋友关系，等等。他们不明白为何会受不了自己的孩子和伴侣、为何对方的行为会令自己抓狂、为何自己会深陷其中而无法挣脱，更不明白为何再努力都得不到对方的尊重和肯定……于是，他们在关系中更加用力，也变得更加敏感和焦虑，就像一台一直超负荷运转着的机器。时间久了，他们仿佛真变成了机器，在满足关系的生产需要之外，渐渐迷失了自我，也失去了聆听内在感受的能力。随着心理咨询工作越来越深入，他们慢慢发展出自我觉察的能力，才终于有机会看见深陷泥淖的自我，才会把关注点从外界转向自身，才懂得"外面什么关系都没有，只有你自己"——一切关系只不过是一面面的镜子，照见了那个内耗的、超负荷的、需要被理解的自己。此时，疗愈才正式开启。

"超负荷"不仅包括外界的压力，比如高强度的工作、家庭的责任、父母的期待、孩子的需求等；更是一种"内在消耗感"，就是一种"我达到了心理承受的极限"的感受。超负荷的你在试图表达"我已竭尽全力，却依然没得到想要的结果""我已不堪重负，又不得不负重前行""我已如此消耗，却无人与我共担""我已疲惫不堪，却还要继续增压"——这些表达都在传递两个事实：第一，我正在过度承担他人的情绪并试图满足对方，从而忽略了自身需求；第二，我的苦衷无人关心，只能独自面对。

这是本作品书写的动机，而察觉到这两个事实也是改变的起点。第一，在任何关系中，都要觉察你本人的位置与感受，不要把关注点放在对方那里，而是要把不属于你的情绪还给对方；第二，你要懂得自我体谅、自我关爱。要懂得向内看，这个"看"是一种深深的理解，而非评判。要学会爱自己而非一味外求。这里有个前提，你要先进入困扰自己的关系，看清自己投射在其中的需求，厘清关系带给你的内疚、无力、愤怒等情绪来源，要把对方当作一个完整的人，而不是潜意识渴求满足的一部分。本书中，我会把重心放在亲子关系与亲密关系上，以此来启发你领悟，也会协助你通过对待自己的态度来觉察你内心的渴望与恐惧，更多地发现你的内在小孩。如此，你才会慢慢靠近自己，与真实的自己在一起，你才会停止超负荷运转。我们不害怕辛苦带来的超负荷，怕的是这份辛苦不是真正想要的，而是某种过度的承受。拨开关系的层层迷雾，一点点抵达内心深处，并帮助你善待自己，从而摆脱消耗与超负荷，这是本书写作的初衷。如同著名心理学家荣格在《红书》中所言："你生命的前半辈子或许属于别人，活在别人的认为里。那把后半辈子还给你自己，去追随你内在的声音。"

除此以外，我也会给你提供一些临时"止疼药"，比如如何陪伴孩子、如何理解青春期叛逆的孩子、如何让孩子拥有真实的优秀、如何处理伴侣关系、如何缓解糟糕的情绪、如何保持独立并学会拒绝他人，等等。心灵成长是一个漫长的过程，是一种终身的习惯，但总有人在具体关系与情绪中濒临崩溃。就像一个很饿的人只需要一碗米饭，而不是听人分析他为何饥饿；一个牙痛的人先需要几片止疼药，而不是听人分析疼痛原因。在心灵层面也是如此，当关系遭遇重创时、当情绪濒临崩溃时，需要有人告诉你该怎么办。这个怎么办就是"止疼药"。尽管不能根治，却也能暂时缓解痛苦。在此，我再次重申：最终产生疗愈的是要去理解疼痛背后的需求，是关系中的自己而非关系本身。

另外，本书题目之所以突显"女性"，不是某种性别局限，也别误认为这是一部关于女性主义的作品，仅仅是因为我所接触到的来访者绝大多数都是女性、我心理咨询与理解的对象也以女性朋友居多。如果你是一名男性读者、一个父亲、一个儿子，这部作品同样适合你，因为我本身也是一名男性。在心灵探索的路上，我们探究的是人性，是作为一个"人格的人"，其次才是男人或女人。但不可否认，即便是在倡导男女平等的社会背景下，女性依旧面临着更多的心理困扰、更高压的生存状态。换句话说，我认为女性依旧在潜意识里被当作某种弱势群体区别对待，也更容易遇到歧视，无论是在职场、婚姻、社会权利、家庭教育，还是在性爱中，甚至有时这种歧视来自女性本身。在这个议题上，女性朋友还有很大的空间来替自己发声，争取更多的权利，赢得本该有的尊重，获得更多的关爱。

最后我想对你说，生而为人，我们有权力、有资格，也有自由，做自己命运的主宰，优先考虑自身的感受，把任何关系与外部环境当作我们人生的衬托。当我们看清了关系的真相，看清了生活的真相，却依然热爱生活、热爱自己，我们就有能力穿越逆境，以达繁星！

冰千里

2024年于山东淄博

# 目　录

自序　穿越逆境，以达繁星

## 第一部分　理解孩子，理解自己

### 第一章　叛逆的意义　/ 003
如何理解孩子的叛逆期　/ 004
失控背后的心声　/ 012
接纳孩子的负面情绪　/ 019

### 第二章　"解放"双方的陪伴　/ 032
陪伴孩子的三个等级　/ 033
"出格"才能"出彩"　/ 040

### 第三章　优秀的孩子，被满足的父母　/ 054
优秀的孩子意味着什么？　/ 055
如何让孩子变得优秀　/ 074

### 第四章　被延续的创伤　/ 084
亲子关系中的内疚感　/ 085
内疚与代际传递　/ 095
让家庭不再延续伤害　/ 105

# 第二部分　"互相理解"是亲密关系里的伪命题

### 第五章　理解的意义　/ 117
"互相理解"是最大的谎言　/ 118
理解，但不原谅　/ 124

### 第六章　在忽视中挣扎　/ 132
为何你总不被重视？　/ 133
有人"在意你的在意"吗？　/ 141

### 第七章　如何建立健康的亲密关系　/ 149
保持距离　/ 150
学会独处　/ 160

# 目 录

培养确定感　/ 167
不带敌意的拒绝　/ 177

## 第三部分　自洽而内求，向着原本的自己生长

### 第八章　你到底在证明给谁看？　/ 187
你心中的证明情结　/ 188
守好心中"榜样的力量"　/ 197

### 第九章　困扰女性的两个普遍议题　/ 208
"性别歧视"与"性骚扰"　/ 209
容貌焦虑与衰老　/ 217

### 第十章　觉察内心，开启疗愈　/ 226
过年回家是觉察内心的最好机会　/ 227
迈向心灵成长　/ 237

*The Weight of Expectations*

第一部分
理解孩子，理解自己

# 第一章　叛逆的意义

在人们无意识的幻想中，

成长天然地是一种攻击行为。

现在，孩子不再是过去那个小个子了。

——英国精神分析学家　D.W.温尼科特

## 如何理解孩子的叛逆期

倘若你家有个"叛逆"的孩子,生活便从此不得安宁。你随时会被打扰但又毫无办法,控制不住地感到愤怒、失望和崩溃,最后只能寄希望于时间。**那么该如何应对孩子的叛逆?或许只需要一些本质的、方向性的思考,就能让你读懂孩子,同时也读懂自己。**

我们先来看看"叛逆"究竟是咋回事。**首先,叛逆与青春期无关**。的确有青春期的孩子不叛逆,相反他们还很自律、很友善,与父母的关系也较和谐,偶尔发发脾气、吵吵架是正常的。一个人在与人相处时,总会有需求满足不了而导致的坏脾气。还有很多人会在幼儿期、青年期叛逆,甚至是中年叛逆、老年叛逆——所以,**叛逆与年龄无关。**

所谓"叛逆",通俗理解就是"不听话",那么,不听谁的话呢?一般来说指的是"权威",比如家长、老师、领导;或是无形的标准,比如规则、制度、规定、社会准则及普遍价值观。叛逆就是与这些对象对抗,不听他们的话,不遵守所谓的"标准"。

**其次，叛逆行为本身无对错。** 比如你让孩子按时写作业，孩子就不按时完成、拖延进度，或是潦草完成、敷衍了事；你让孩子先不写作业，孩子却赌气去写作业。那么"写作业"这件事就谈不上对错——他只是和你对着干，才不管这件事是什么，是好还是坏、是对还是错。由此，可以得出一个结论：孩子的叛逆是在表达他与你的关系很糟糕。而孩子绝不承认这一点，因为在他心里，最好与你半点关系都不要扯上。

我以为，叛逆从表现形式上分为两大类：**"冷叛逆"和"热叛逆"**。

"冷叛逆"具体表现为生闷气，把自己关进屋子，拒绝交流，做什么都不让你知道，把你当作空气或礼貌的路人，用不吃、不喝、不睡来表示抗议，用面无表情、充耳不闻或不屑一顾来表现冷漠等。

"热叛逆"的表现则更常见，如大声吼叫、哭闹、摔砸东西等言语或行为上的失控，甚至是自残自伤，故意尝试抽烟、喝酒、谈恋爱等"学坏"的行为，而这些表现全都是冲着你来的。

相对而言，热叛逆要比冷叛逆更"友好"，至少他在用怒火传递他需要你，而冷叛逆则往往表示孩子已经开始对你感到失望。但凡你能发现以上场景，要记住，绝不是孩子笨得被你发现了，而是他们想让你看见，他们就像在说："我都这样了，你要咋办？"或"我已经没办法了，你呢？"

**请牢记：一切叛逆都在表明：孩子对你还有期待。**

期待什么呢？

**期待你能理解他**。而矛盾的是，你正在感受到的却是他不让你理解。你越不理解，他越解恨、越有成就感；你越摸不着头脑、越无计可施、越抓狂——他们就越满足。

此时，如果你试图通过安慰来理解，比如"你是不是想玩手机啊""是不是想休息呀""没关系，别太大压力""我知道你最近很难过"等，他们反而会更挫败、更沮丧。因为你的理解让他很没面子，好像他有多需要你似的。他希望你能理解他的动机，而不是内容。

而孩子叛逆的动机往往有以下三点：

1. 他需要通过向你"扔炸弹"来发泄情绪；
2. 他不希望你很快被"炸死"，但又希望能让你受伤；

**3. 他希望"炸弹爆炸"的时候，你是在场的，而不是当逃兵不管他了。**

若理解了这三个动机，你就不会和孩子"较真"了，特别不会在内容上非要分出对错，比如玩多久手机、究竟先复习还是先吃饭、是自己哪里做得不好、孩子又在生气什么，等等。这些判断都是没有必要的，孩子叛逆的内容没有对错，只有情绪宣泄，并且对宣泄对象怀有期待。因为结局无非三种，你赢他输、他赢你输、不了了之，而且实际上这三种结果都是"你输了"。但凡知道叛逆的底层逻辑，你的一切回应对孩子来说都是某种"配合"，绝不会真被气疯，最终你们是双赢的。

**孩子的叛逆也意味着他期待你能自我理解。** 他通过叛逆想要唤醒你的"自我反思"，如果这一目的达不到，那么他的叛逆还会持续。如果孩子"持续叛逆"（比如不上学、上网成瘾、不写作业、和你对着干、生活没规律等），势必会导致对你的各类影响，其结果往往就是你对孩子各种打压和纠缠，从而引发亲子冲突。你会感到困惑、迷茫、无力、失望、愤怒、内疚等，你要对自己的这些情绪进行反思。如果反思结果是你更加不能接受孩子或自己,或者是自我贬低,那么这个反思是无效的。有效的反思一定最终指向你本人而非孩子,这会促使你更好地理解自我、接纳自我、调整自我,而这会形成某种接纳的环境,孩子的叛逆也会被这样的环境所容纳,坚持下来,叛逆行为就会减少。我建议你通过以下三个途径来反思自己:

### 1. 理解你过往的艰辛

还记得从护士手中接过这个小生命那天吗?初为人母(父)时那种复杂的心情,那种幸福与责任、那种感慨与忧虑。是的,我让你回头看,特别要看看你得到了多少温暖与支持。最艰难的日子你身边有谁?他们在照顾你还是消耗你?伴侣心疼你还是袖手旁观?公婆、父母呵护你还是挑剔你?

养育环境是个"系统",是给养育孩子的你提供"营养",一个无法得到营养的母亲无法给孩子好的养育,爱不是天然的,是需要有"被爱"经验的。所以,父母无须过度愧疚,别觉得你当初没养好孩子,这不是你的错。

记得有位心理学专家曾说过,即使你在孩子的早期阶段做得很好，之后也做得很好，你仍然不能指望机器会一直顺利运转下去。事实上，你一定会遇上麻烦。你在后期遇到的某些麻烦是天然存在的。

### 2. 理解你的早年经历

你对待孩子的态度很大程度上是早年你在原生家庭被对待的相似或相反的模式，结果就是"似曾相识"与"矫枉过正"，以及"刚刚好"。比如，你的早年一直受委屈、受压制，现在"叛逆的"孩子只不过是活出了你活不出来的样子；你特别期待被养育者理解、被他们关注，但求而不得的你只能用所谓的"叛逆"或生病来引起他们的关注，而你的孩子也会做出类似你曾经的举动；你一直是个听话乖巧的小孩，你从来不敢有任何反抗和叛逆的行为，那么你的潜意识通常会希望你的孩子不那么听话，做出与自己早年截然相反的表现；你会发现你对待孩子的方式和父母对你的方式相反，他们打压你、控制你，你就很容易过度包容孩子，但事实上过度包容往往是矫枉过正，孩子会越来越不听话。

### 3. 理解你的婚姻

越是叛逆的孩子,背后承载的越是难以言说的婚姻关系。当夫妻之间彼此消耗、连年争执、冷漠暴力的时候,没有谁可以以完整的面貌对待孩子。试想一个失业的、整天被伴侣指责挑剔或面临婚姻危机的母亲,怎么可能有精力好好对待孩子?即便她强忍着做到,谁又能保证负面情绪一定不投射给孩子?

**此外,孩子的叛逆也包含着期待你允许他独立**。这一点涉及"叛逆的本质"。拥有健康人格的基础是自己说了算、敢于承担风险与责任。而这需要得到足够多、足够好的爱。一个得到足够好的爱的孩子,是不惧怕与父母分离的,因为分离意味着独立。

相反,一个没能享受过"被爱"的孩子,绝不可能与父母真正分离。他们在一种"不友好"的环境中成长,譬如被虐待、被捆绑、被忽视,等等,一切都是"以爱为名的控制和利用"。这样的孩子无法形成真实依恋。虽然天天与父母见面,但内心并未在一起,就不可能做到"健康的分离"。

而叛逆就是一种"不健康的分离"——用叛逆来推开父

母，强行让自己独立。这是一种虚假的独立，换句话说，孩子害怕分离，但为了摆脱难以忍受的关系，不得已为之。事实表明，虚假独立的孩子长大后依旧困难重重，具体表现在恋爱关系、亲子关系、内心冲突上，即产生了代际传递。代际传递指的是你与原生家庭之间的关系模式在你的小家庭中再次重现了。所以，孩子叛逆的本质是：**通过痛苦地推开来表达依恋——通过叛逆来索爱。**

那么，面对孩子的叛逆，你到底该怎么做呢？

首先，要在孩子一次次叛逆的过程中去尝试理解孩子、理解自己、理解婚姻、理解你的过去。理解越透彻，你就越不被叛逆所累。其次，要"配合"，不逃避、不与孩子在叛逆行为上争辩。你理解了叛逆的动机和本质，就不会因为他的行为、态度而失去理智，明白此时需要做的是配合、促进孩子成长，给孩子成长的时间。最后，事实上，孩子叛逆行为爆发的那一刻，你什么都做不了。任何行为，诸如安慰、讲道理、打压、陪伴、深呼吸都无济于事，你要做的就是等这一切过去。

**真正有效的做法往往是在日常生活中进行的，而非叛逆爆发期。**我刚说了，一切叛逆都在"索爱"，因为他们就是不甘心啊，所以你要给孩子爱。你要拿出教孩子学走路时的耐心和包容，来对待他们的叛逆期，做到足够的给予——鼓励、肯定、呵护、亲密……这对你绝对是个挑战！当然，也是机会，青春期的叛逆是孩子给你最后的机会。而且需要明白的是，有些孩子在得到了足够好的被对待的感觉时，是可以跳过叛逆期的，通常叛逆来自不恰当地被对待，并在长时间积累后，于青春期爆发叛逆。

## 失控背后的心声

我见过许多父母无论"修为"多高，在面对自家孩子时，也总是控制不住情绪，好像这家伙总有办法刺痛你，让你无计可施、忍无可忍。最终情绪爆发，先是感到愤怒、挫败、抓狂，之后又感到内疚、自责。为什么孩子总能让你失控？其实原因很简单，**因为你屏蔽了自己的需求。**

你本人有大量需求期待被孩子满足，但又拒绝承认。于是，一旦孩子不能满足需求与期待，你就会失去控制。如果他再向违背你需求的方向发展，那便会令你崩溃。比如，你希望孩子听话、成绩优秀、为人勇敢，当他表现出不听话、

第一部分　理解孩子，理解自己

考试失利、胆小时，你就会感到不快；而当孩子更进一步，不但不听话还经常无理取闹，考试成绩直线下滑，排名倒数，越来越胆小怕事，想到这里，你是否已经感到抓狂了？

就这么简单！但如果你还是拒不承认需求，潜意识又要孩子满足你，就会说"这都是为你好"——这很讽刺，明明是你需要人家，还非要否认，在道德上指鹿为马，好像是你在满足他的需求。

于是，你越觉得自己是为他好就越挫败，因为你自己的需求不但未被满足，就连借口似乎也被羞辱了，随之便会口不择言地来发泄自己的情绪，比如"你若不这样就是失败的""学习不好就要去捡垃圾""不勇敢就被欺负""不听话就会被大灰狼叼走"之类。这很愚昧，明明是你需要孩子，却非要去威胁他。而这将形成一个恶性循环的怪圈，越是失控越是羞愧。

当然，为了让孩子满足你的需求，你有很多手段，比如打压、忽视、虐待、引诱，等等。但效果大同小异，你越"努力"就越失败，事实总是朝着相反方向进行，令你无语。

实际上，你的需求本质也很简单，就是害怕自己不是个好妈妈，而是个不合格的妈妈，是个糟糕的妈妈。继而再把"妈妈"这个身份拿掉，你的感受就是自己不是个"好人"，是个失败的人。更甚者，由于努力的借口和手段统统失效，你眼中的自己就变成了一个十足的傻瓜、一个失败透顶的人、一个付出再多也没用的蠢货！于是，你对自己很愤怒，继而对孩子很愤怒……又一轮不屈不挠的索取开始了！如此循环往复，最后你筋疲力尽。

那么，为何你不愿承认自己对孩子是有需求的呢？一部分源自主流文化对"母亲"这个身份的绑架——**认为母爱是无私的、伟大的、坚强的、不求回报的，所以你的内心不敢打破这个道德魔咒**。事实上，每当你发出"我是个失败的妈妈""我不配做母亲"之类的感慨时，潜意识就在打破这个魔咒，这也是你第一次面对真实需求不被满足的状态，但你还没来得及细细品味，巨大的"愧疚感"就把你淹没了。

另一部分源自你的**"自我羞耻感"**。对另一个人"有需求"，还要想办法让人家来满足，这意味着你是虚弱的、无能的、自卑的，而这只是你的感觉。事实并非如此。**一个不能证明自身价值的人，才会期待另一个人的认可与肯定，才会去证明"你看，我是被喜欢的，我是值得的"**。

不少父母说到"我家孩子最近表现很好、成绩很好，也

第一部分　理解孩子，理解自己

很体谅我"的时候，我发现他们的眼里是有光的，神态是自豪的、满足的。你不觉得这一幕很熟吗？或者这不正是你一直心心念念想要的吗？

是的，这一幕常常发生在一个孩子被父母认可的时候。孩子做了一件高兴的事，跟爸爸妈妈分享，得到了他们的肯定与赞美。你会看到孩子眼中立刻就会有光亮，浑身散发着积极向上的活力。发自内心的认可已经超过了那件事本身带来的喜悦，这让他很满足、很受用、很疗愈。

在这一点上，孩子和你、我都是一样的。我们都渴望被欣赏、被认可，这是人的本能，并且最好这样的欣赏是基于我这个人，而不是"我变成你喜欢的样子"。

所以也就可以理解，前文提到的眼中放光的、自豪的父母在那一刻就不再是一个身份上的长辈，而是一个孩子，一个被认可、被欣赏、被满足需求的孩子。只不过满足他们的人在此刻是他们自己的孩子而已，孩子也摆脱了"孩子的身份"，在那一刻变成了"他们的父母"——这就是本质。

我想你应该懂了。在面对孩子时频频失控的背后传递的心声便是你的内心需求，便是你要直面的需求，就是要被认可、被欣赏，至少不要被指责、被挑剔、被剥削。但在以往的生命体验里，在你还是个孩子的时候，这种被认可、被欣赏的感觉太少了，被重视、被关心的态度太缺了，被温柔以待的体验太匮乏了。或者你必须要做到什么才能满足这种需求，甚至其实你早就不奢望拥抱了，只要不挨骂就行。

于是，渴望被好好对待就成了心结，变成了渴望，成了你的需求。无论年龄长到多大，你"这个孩子"内心的需求却始终如一，从未因年龄的增长而有所改变，这就是你"内在小孩"[1]的一部分。也因此，你一有机会就会向他人寻求满足，但又害怕对方在这过程中表现出任何的抗拒。可我们都明白，他人的反应是不可捉摸的，并不会完全按照我们的期待，如果对方做出与当年养育者类似的行为，又或者做出其他超出你接受范围的反馈，那么情况将变得更加复杂，对你产生的影响也就更难以预测了。也许你是幸运的，伴侣、恋人、老师满足了你，你就不再让孩子来满足你了；但更多的是不幸，你尝试过忐忑不安的讨好，若即若离的试探，各

---

[1] 简单来说，内在小孩指的是成年人心中最原始的、被隐藏的情感关系模式组合，比如爱、恨、渴望、恐惧、创伤。

第一部分　理解孩子，理解自己

种对抗、攻击与纠缠……最终都于事无补，那个人还是变成了你害怕的样子，真是怕什么来什么。

心力憔悴的你最终无意识地选择了孩子，因为他更小、更脆弱、更安全、更容易掌控，更重要的是，他必须依靠你才能活下来——这种种便利使他无疑成为满足需求的最佳人选——偶尔你也知道这对孩子不公平，怎能让孩子继续受苦呢？但鬼使神差地，事实就这么发生了！

于是，出现了一次又一次亲子冲突、情绪崩溃，每次都是一场地震，一场满足与被满足、满足与不被满足、你满足与我满足的**人格战争**[1]。而这些战争没有赢家，结果往往是"双输"。但如果你频频感到不被满足[2]（青春期常见），好处其实大于坏处，因为这代表孩子胜利的次数多。

相反，如果孩子完全满足了你，表面上或许是你胜利了，但实际上是你彻底失败了，因为你终于把孩子变成了当

---

[1] 指人与人之间对于权力、话语权、影响力、控制权的争夺和冲突，简单理解就是"谁说了算"，我将这种人与人之间的冲突称为"人格战争"。

[2] 尤其是在孩子的青春期阶段，青春期（10—20岁）是父母与孩子人格战争的高发期，也是孩子的人格独立战争期。

年的你，属于你这一代的使命未完成，需要下一代继续承担。**请牢记，在你强烈需要被认可、感到恐慌害怕的那一刻，你已经不再是个母亲，你就是个孩子——一个内在需求得不到满足的孩子。**此刻被满足的对象是没有分辨力的，你的孩子也是你的父母，你会向他索取、发火、宣泄，表现得歇斯底里，也会对他言听计从、不敢厉声讲话，感到忐忑不安。**前者是你不被满足后的表达，后者是你害怕不被满足或害怕被指责的表达。**

至于怎么办，那就再清楚不过了。只有越来越多地探究自己的内在小孩，才不会强迫性地让孩子来满足本属于内在小孩的需求，才能建立真实的亲子关系、亲密关系，才能真正与他人交往。否则，天天与你在一起的这个人其实只有一小部分是他自己，大部分是被你的内在小孩附体了。而探索内在小孩有很多途径，比如通过亲密关系、通过激烈的失控的情绪、通过梦境和幻想、通过探索身体与性，等等，详见我的另一部作品《看懂自己的脆弱》。而通过亲密关系是最常见的，其中又以亲子关系最为明显，觉察你与孩子之间的日常互动以及对彼此的影响，很容易探索到你内心深处最渴望或最恐惧的真相，这个真相就是你本人的内在小孩。你对内在小孩觉察越多，就越不容易混淆你与孩子的边界。比如，探索得知你的内在小孩最害怕被抛弃、被分离，你就很容易担心孩子离开你，就会更控制孩子，亲子关系因而更纠缠不清，以此来增加亲密度，你的潜意识是不希望孩子独立的，这样你的内在小孩就不会被孩子抛弃了。只是你控制的对象错位了，这本该是你对父母的期待。当知道了这些，你对孩子的控制和期待就会降低，亲子关系就会更和谐。

## 接纳孩子的负面情绪

在明确了失控传递的讯息后，或许你仍感到困惑——那么在孩子的叛逆期、与孩子相处的冲突中，你该怎样应对他们的负面情绪呢？

许多来访者对我的评价之一是"无论多么糟糕的情绪，你都能接得住"。这个接得住就是所谓的"接纳"，亲子关系亦是如此。接纳指的是"接纳孩子的负面情绪""接纳孩子的不好"。事实上，你觉得一个人不好，却还要接纳他，本身就是很艰难的。但我们需要明确的是，**你认为的"不好"其实是错的，你要越过这些"不好"看清本质。**

**"接纳"有三重境界：允许、理解、认可**。允许就是愿意让孩子表达负面情绪，但很多父母没有这个能力，当孩子表达任何不开心时，他们往往会采取以下三种态度，无论有心还是无意。

**第一种：安慰与讲道理**

"别难过了，一切都会好起来的""别和他一般见识""多往好处想，别往心里去""你应该这样想"……也许你认为这些话很有道理，但这些安慰其实是在告诉孩子"你的事我不管""你要自己承担""我不愿看见你的难过"。敏感的孩子还会感到"被指责"与"羞耻"。以上这些安慰词都带有某种责备的意味，好像说"你不应该难过、不应该在意、不应该往心里去"，孩子会认为自己"表达了不该表达的东西"，从而感到羞耻。

想一想，每次你安慰了别人以后，是不是很轻松呀？好像你做了该做的事，尽了应尽的义务，然后就没责任了，就轻松了，而对方是否真能做到"不往心里去"，谁知道呢？有时，你还会为对方继续悲伤而生气，"这人怎么那么不开窍呀，咋劝都没用！"**这类安慰在本质上是一种逃避，你在**

用劝慰的方式让自己逃开他的难过给你带来的"麻烦"。有时安慰的确管点用,但那是由于你的在场,并非安慰本身。

**第二种:自责与自我暴露**

还有的父母会说,"都怪我不好""我真糊涂""我们也尽力了""我也不容易""我那时比你可惨多了""不缺吃,不缺喝,你知足吧""若像外婆对我那样,你就没毛病了"……这比安慰更可怕,安慰最起码出于"某种自以为是的爱",这些话却来自"恨"。

孩子的态度激活了你对自己父母的恨意,并让孩子替你承担恨意。你的自责会让孩子内疚,让他觉得连累了父母,他除了得应对自己的糟糕,还要去缓解你的无能为力感。这种双重压力会让孩子崩溃,他的外在表现要么更抓狂、失控,要么立马闭嘴,独自舔舐伤口。

**第三种:制止与争吵**

"别说了!烦死了!""闭嘴,滚!""有完没完!我忍你好久了!""要闹出去闹,要哭滚出去哭!""别上学了,看你学得这熊样!"更有甚者会上手一耳光……毋庸置疑，这些做法你不需要采用几次，孩子就不会再对你表达他的负面情绪，他会欺骗你、隐瞒你，会通过其他办法刺激你，或是转而对外寻求理解，或是彻底封闭自己。

这类父母视孩子为敌人，充满怨恨和报复，借孩子情绪来泄愤。其实，真正的"允许"只需要你做到在场，让他说、让他闹、让他哭，你唯一能做的只有"听"。别觉得这很简单，相反，这相当难，特别是当迁怒对象是你本人的时候，稍后我会告诉你如何做到。

第二重、第三重境界是"理解"与"认可"。你要先理解，才能做到认可。而"理解"负面情绪背后的动力是：期待亲密。

请问，你会冲谁发火？答案很简单，与你无关之人不会让你有情绪。能让你发火的对象，都是你认为安全的、亲密的，准确地说是"让你恨铁不成钢的人"，尽管他一再令你失望，但你却离不开他，并且还是抱有期待，希望他能认可你、亲近你、重视你。

所以无论孩子多么"作"，都是因为他没办法让你"爱他"。事实上，一个从来不在你面前"作"的孩子是彻底绝望了，还能在你面前表现不好，证明他是勇敢的，而不是唯唯诺诺、俯首认命的。只是如今,勇敢的孩子越来越少了,有的眼神透着世故,举止像个小大人。

好,一旦你清楚了这个动力,就会进入反思,会思索孩子究竟在表达什么,会思索过去一切的家庭关系,会思索孩子以及自己的生命历程——思索中,某些事件与感受也开始浮出水面。于是,你开始愧疚,开始补偿、理解自己,并开始心疼孩子。那么,认可也就不是问题,你会认可孩子情绪的表达,认可这份勇气,认可他的无奈、他的期待,并为孩子还能对你而不对别人"作"心存感激——这个过程,才是真实的接纳。然而,做到真实接纳十分艰难,可以关注以下三点:

**第一,你要自我接纳。**

不能自我接纳就无法接纳他人,如果有,就是强迫接纳,十分消耗。最近,我把朋友圈签名改成了"敬畏自己生命中的任何阶段"。人生是单程路,谁也无法重新来过,所谓"往事不堪回首"指的是厌恶、贬低过去的自己,恨不能把那经历彻底抹去。你不要抹去,要去"敬畏",当初任何决定与选择都是当时"比较而言最优的"。

越理解自己的伤痛，就越不容易投射给孩子，就不会把包容变成纵容，就不会矫枉过正，比如，被严重控制是你的伤，你很可能就会给孩子过度的自由；没钱读书是你的伤，你很可能就会把赌注全押在孩子的学业上；没人疼、没人爱是你的伤，你很可能就会溺爱孩子。**过去可以补偿，但前提是对自己的过去有个清晰认识。**

**第二，你的负面情绪要有去处。**

无论用什么办法，不管是通过工作、运动、心理咨询、兴趣课，还是向伴侣、好友倾诉，你一定要找到接纳自己负性情绪的他人或场域。你的攻击、压抑、愤怒在这里都可以或部分可以被接纳和理解。被接纳越多，你就越有经验接纳孩子，这是良性循环；否则就是恶性循环，孩子表达攻击，而你的情绪还无处发泄，一点就爆，那还谈什么接纳。

**第三，允许自己"接不住"孩子。**

孩子只能陪你一程，他有他的使命，你有你的，你们交织又分离是必然，也是自然。交织的岁月里，没有任何父母可以一直接纳，恰恰是这种"不够好"给了关系一个间隙，孩子才有机会自我发展。

这并不矛盾，因为不够好和伤害完全是两个维度，所以，我的建议是你无须无条件接纳，而是**有条件接纳**，类似某种"需求互换"。如果你不同意父母也会依赖孩子这个说法，那么就会无意识地粉饰太平，你的行为很容易就变成以爱为名的控制。

但凡两人深度互动，一定是彼此满足，而不是一方总在付出，另一方总在索取。你对孩子也有需要，而这种需要应该是明示而非含糊其词，就比如，你希望孩子考重点学校、勤俭节约且懂礼貌、学一门技艺傍身……

你要清楚这些是你的需要，要明确告诉孩子，比如这样说："妈妈希望你学钢琴，因为你学了我就开心，就更喜欢你，你愿意满足我吗？"而不是说："让你学钢琴是为你好，让你出人头地、有才华。"后一种说法好像显得你多么伟大似的。明示需求的话，你讲出来有多难，就意味着你们的关系有多不和谐。

而当你能这样明示自己的需求时，孩子也能从中学到许多，比如我的需要可以像妈妈那样直接表达；我也是有能力满足别人的，无论他多么权威；我与妈妈是平等的。需求互换就是人格的对等，也是接纳的本质，但你同时要承受一个风险：孩子可能不会满足你，如同你不会满足他。

除了接纳，还有两个简单实用的小技巧能够很有效地安抚你和孩子的情绪，分别是"那又怎样"和"是的，就是这样的"。

**"那又怎样"** 这四个字能够给人力量，让人心里有底，不再害怕，特别是对于孩子，养育者说这话会直接起到抚慰作用。这句话比较适用于两种情况：**第一种是"突破自我"的焦虑**。常态养育下，孩子们具有"向外展示自我"的天然动力，目的是获取同类认同，然而有时他们会感到不自信、紧张、焦虑，比如想参加运动会又怕不能有好成绩、想举手提问又忐忑不安，等等。此时，无论他们内心如何纠结，都会指向"如果我表现不好怎么办"的焦虑上。这种情况下，你说出"那又怎样"会带给孩子"不过如此"的自信，让他拥有展示自我的勇气。

**第二种是对"突破规则"后的愧疚与惩罚**。这更常见，当孩子"没完成预期"或"突破了某个规则"时，往往是既愧疚又害怕的，愧疚的是认为自己不应该，害怕的是被惩罚。这是个低频的情绪，需要被支持，需要有人告诉他这没什么，让他感知到不会被惩罚、这不是你的错，或者让他感知到即便这算是个错也没啥，有人会同他一起面对。"那又怎样"在此刻有奇效，会瞬间让孩子不孤单，感觉你是站在他这一边的，孩子潜意识里被父母惩罚的恐惧也会被打消。

但在此，我要特别强调两点：首先，你要真的认为这没啥。本人的观点是自主性的重要程度要优于遵守纪律，特别是一些小规定，诸如迟到之类，偶尔打破几次并无妨。其次，这句话传递的是一种接纳度，是你允许孩子犯错的宽容度。其背后更是你对自己的态度：你允许自己犯错吗？允许自己突破规则吗？允许自己不够好吗？记住，你对自己的接纳会直接左右你对孩子的投射。

退一步，就算你做不到"那又怎样"的态度，至少也别吓唬孩子。可悲的是，"吓唬"是很多家长的日常，比如"快点吃，要不就迟到了""好好复习，就快考试了""再闹我就生气了"……这些话都是在威胁、恐吓，在一点一滴地制造焦虑，让孩子活在一个充满危险的环境中，如惊弓之鸟。这些都在无意识地传递"你不能犯错""犯错就会被惩罚"，离"那又怎样"的距离真太遥远。

倘若不信这话的威力，你可以先对自己使用，一遍遍告诉自己的内在小孩"那又怎样"，你会感受到被接纳的力量。"有什么大不了的，大不了从头再来"，这不仅仅是安慰，还是自我抚慰。

**"是的，就是这样的"** 则适用于"无奈""无助""无能为力""唉"之类的低频情绪。生而为人，我们会时常陷入某种深深的无奈感。很多时候生活就是如此，你会感到没什么意思、没有目标，发觉生活就是如此的平凡、寡淡、乏味、无趣，甚至想起各种苦难，比如失去了心爱之物或心爱之人、无论多努力还是原地踏步、想要的和拥有的总不公平……

是的，让你痛苦的不是具体的负面情绪，而是一种"无可奈何"，一种不得不向命运低头的沮丧。你什么都不想做却又无法什么都不做，任何安慰都对你于事无补，还会激发羞耻感，让你觉得自己更一无是处、无地自容。

具体原因却也说不上来，就是莫名的忧伤和抑郁，是一种不能命名的失落感，如果非要联系现实，也许仅仅是一片落叶，或一次争执，或一段回忆，或一次小失误。面对这份无奈，"那又怎样"会失效，甚至还会激起更大的无奈，而"是的，就是这样的"则能派上用场。我想说的是，无奈的情绪并不会因为自我妥协而消散，甚至会被加剧，相反，意识到自己无法接受这种无力感，能够在一定程度上减少内心的冲突。

故此，有人若饱含关怀地说：**"是的，亲爱的，我知道你现在很难，但目前就是这样。"**——这句话看似没力量，却能与你共振。好像无奈被扩散出去后，有了回声。这也是很多人在忧伤无奈之时会不自觉去听某首音乐，随着曲调悠扬起伏、百转回肠，仿佛把自己的心事层层摊开，让其微微荡漾，每圈心事的涟漪都拥有了"回声"的魔力。类似的不仅是曲子，还有一场电影、一本小说、一次旅行、一杯咖啡、一场闭目的神游，等等，它们的效果相当，都在无声地传递："是的，亲爱的，你可以悲伤、可以难过、可以无奈，那就这样吧，我与你安静地同在。"

在亲子关系中也是如此，孩子，特别是青春期的少男少女，困惑于心的不是一两种具体情绪，而是前文提及的那种"莫名的""复杂的""无可奈何"的心理过程。你会看到孩子望着窗外发呆，会看到孩子把自己锁在屋里一整天，还会看到孩子心神不定，这就是处于"无力的情绪状态之中"。此刻，你最好别去打扰，给他一个与内心和解的空间。一两顿饭不吃饿不死人，更重要的是你要"稳住"自己的情绪，别被这种没有任何"精气神"的状态扰动，从而让自己焦虑不安，认为非要做些什么。非要为孩子做些什么，实在是一厢情愿。

要清晰地认识到，你无论做什么，都是为了缓解他的状态带给你的不安。如果亲子关系够好，也许孩子会在自己消化不动时向你求助，但又因为这些情绪难以言表，即便口才很好的孩子也只能说"不知为何就是很难过"之类的话。此刻，你是被信任的，但不要过度帮助，只需要像上面描述的一样回应即可，温柔地抱住他，轻声说"是啊，孩子，看你很难过的样子，人啊，有的时候就是这样"。如果真的心疼孩子，眼泪就会掉下来，此时此刻，你与孩子就在一起了，这就是所谓的"爱"。

若你是这孩子，被另一个人如此对待，感受如何？答案不言自明，一定是下面这种感觉：被深深懂得，捎带着感动、柔软与暖意融融。

那么，还有什么比这更重要的吗？答案同样不言自明：没有。无论是一个孩子还是成年人，倘若在他的环境中，有人能够带给他"那又怎样"与"是的，就是这样"的感受，他无疑是幸运的，但这可遇不可求，完全取决于有没有爱他、包容他的人。

有点无奈又有点希望的是，即便你没那么幸运，也可以自给自足，完全可以学会这样对待自己。这样对待自己恰恰是对待孩子的基础，毫不夸张地说，也是你吸引爱人靠近你的基础，所谓**"爱己者爱人，自爱者被爱"**。

# 第二章 "解放"双方的陪伴

亲子陪伴有两个互相交叉的心理含义：

一个是陪孩子，

一个是陪"陪伴孩子的那个自己"。

只有认清并解放了后者，

前者才真正具有价值。

——冰千里

第一部分　理解孩子，理解自己

## 陪伴孩子的三个等级

有天夜晚，我正思考事情翻来覆去睡不着，女儿静悄悄走过来，像对我说，又像自言自语道"我觉得真是不妙呀"，紧接着抽泣起来。

我赶忙问怎么了，女儿哭着说："就觉得时间过得真快，我一点都不想长大。"我给闺女披上外套，一边给她擦眼泪一边扶她坐下，我也披上衣服坐在对面，认真看着她。于是女儿开始了自己的讲述，从感叹时间流逝到各种梦境，从圣诞礼物到有没有天堂，从舍不得我们变老到害怕自己长大，从好朋友的分开到怀念幼儿园的美食……这个小人儿一股脑说了两个小时，午夜过后，女儿才抱着小鹿玩偶沉沉睡去。

**千万别觉得小孩子不会思考人生，不会感叹岁月，不会担忧亲密与死亡，他们只是通过不同形式来表达，比如写在日记本里，只是不愿让父母知道。** 我还保存着几段珍贵的录音，记录着女儿讲过的梦，也许多年之后，她再次听到时也将感慨万千，会心一笑。

如今，每个人都在谈"陪伴"，那么父母究竟在陪伴孩子什么呢？我以为，父母陪伴孩子的模式分为三个等级：

**初级陪伴："任务型"陪伴**

父母对孩子大多数的陪伴都属于这个级别，比如孩子把作业当任务，你把陪孩子写作业当任务。这类陪伴往往有明显的目的性，就是督促孩子把作业写好，或是把手工、画画等其他"任务"完成好，甚至是把雪人堆好、把游戏玩好……而这个"好"就是目标。

这类陪伴多数是"不得已而为之"，有的是学校布置的任务，有的是家长自己心中的任务。过程中基本没什么乐趣，更多的是不耐烦，并伴随不满、催促和斥责。

当陪伴变成了监督和考核，甚至变成一场冲突，双方就会盼着赶紧结束，然后松一口气各管各的。客观地说，这是多数家庭的日常，对于父母而言，这类陪伴不得不做，因为做不好会影响孩子在学校的尊严，但除了"有人一起做任务"之外，其他并没什么价值。

需要指出的是，在亲子关系中有一种常见的忽视：通过重视来忽视。重视的是一切外在形式和标准，比如考试成绩、兴趣班考级、读书练字、情操教育等，这并不是说这些重视不好,因为孩子也会在其中获取知识。

只是这样的重视绝不可单一。孩子是敏感的,他会为了取悦父母而忽略自身的真实感受。比如,如果孩子把成绩作为获得认可的单一标准,那么他的视野会越来越窄,一旦成绩不如意,就会感到强烈的自卑。

当你特别重视这些单一的部分,你就正在通过重视孩子的学业等而忽视他这个人。久而久之,孩子会出现"无意义感",总觉得不被理解。因为周围人包括他自己都在重视成绩、成就、成功,而没人在意他是多么委屈和内耗——**一个"不被真实看见的人"会很空虚。**

**中级陪伴:"聊天型"陪伴**

简单来说,这一类陪伴不是被迫的,而是主动的,形式也由行为变成了语言。作为父母,你会经常和孩子聊天、谈心,除了谈那些让人心烦的作业、成绩和目标,还有更广泛的人际关系、心情、兴趣爱好,以及无目的的闲聊。

不得不说,这是一种较好的陪伴方式。因为没了任务压力,也就没有了焦虑,多了几分轻松自在。语言作为人类表达想法的一种象征符号,其目的之一在于增进人与人之间的关系、建立情感。当孩子愿意同你聊天，甚至彻夜谈心，反映了你们关系的融洽。可以说，没和孩子聊过天的家长是不合格的。

**聊天型陪伴的标准是"无压力"，最忌讳的是投射，投射的常见外部表现是"讲道理"**。比如聊着聊着，你就在告诉孩子该怎么办、如何为人处世、结交怎样的朋友、怎样学习效率高、如何树立远大理想之类，有时情绪还会变得激昂，演变成自我陶醉的演讲，让孩子成了你的听众。

这样的聊天就不再是陪伴，而是或强硬或委婉的"授课"。你们的关系也不再平等，而是师生关系、上下级关系、前辈与晚辈的关系。口头语也变成了"我觉得""你应该""其实""但是""这样会更好"之类，你在潜意识中坚持认为"孩子要听我的才对"，换句话说，你认为"孩子是错的"。**此刻，你就是在投射自己的人生经验，并强迫孩子接受，还能听下去的孩子大部分是装的。**

**高级陪伴："感受型"陪伴**

活在关系里，人最大的意义感就是：快乐的感受有人分享，痛苦的感受有人分担。若非如此，人很容易感觉到孤独，特别是孩子。

在儿童心理治疗领域，孩子有没有好朋友可以分享、分担自己的情绪是诊断的关键指标之一。有人一起承受痛苦，痛苦会被分解；有人一起分享快乐，快乐会被加倍。

任何人的感受，特别是负面感受，都是独特且私密的，甚至是没有被自己觉察的，是这个人内心海洋中丰富的波浪。感受属于内在世界，是复杂多变的；情绪属于外部表现，较为单一明显。通常而言，感受与情绪是一致的，但在压抑或未被觉察的时候，则会出现差异性，甚至是相反的。

最高级别的陪伴不仅仅是情绪、行为、语言的陪伴，而是"彼此感受在一起"。面对负性感受，人总有两种矛盾的需求，一种是"藏起来"，一种是"被找到"。藏起来是怕被发现脆弱后的不堪，但又希望被理解的人找到，因为，一个人咀嚼痛苦实在太孤独了。因此，对于绝大部分人来说，敞开心扉谈感受是很艰难的，如心理咨询中，也有来访者需要在进行一两年的疏导后才会袒露心声，还是小心翼翼、循序渐进、不断试探性的袒露，一旦觉察到咨询师接不住，就会立马关闭感受通道，回到"藏起来"的安全地带。其表现就是"闲聊"。

但比起孤独感，人更在意羞耻感。当孩子告诉你他很难过，你需要明白他已经经历了诸多挣扎，权衡再三才讲出口。多数孩子则不会讲出来，更多是通过行为和情绪来表达感受，比如生闷气、不吃饭、关在房间、摔摔打打、各种抱怨、无端发火之类，这些行为背后往往都隐含求助信号，仿佛在说"我需要陪伴"。此刻，孩子需要的是"感受级别的陪伴"，他不再满足于你端水、送饭等行为，闲聊也只是缓和气氛罢了。

比起前两种陪伴，感受型陪伴要显得十分艰难，主要是**因为感受型陪伴需要敏感、认真、倾听与共情。**

在我心里，"敏感"是褒义词，特指一个人敏锐感性的觉察力，这是一种超越理性的态度，基础来自爱。只有对一个人有爱，敏感才能诞生，包括那些警惕、恐惧的敏感，背后也是对爱的期待。比如，在本章开篇提及的我女儿的例子，一个小孩居然感慨时光流逝，是不是为不想睡觉找借口，或是无病呻吟，或是觉得好玩。我若粗糙一点，完全可以看不到她的情绪需求，甚至生气她耽误我睡觉，也许我会随口安慰"别瞎想了，快睡，睡一觉就好了！"那么无须几次，女儿就绝不会再做这"蠢事"，她会认为我不仅看不到她，还觉得她的感受是个麻烦。敏感是需要动心劳神的，而陪孩子写作业和闲聊，只需要动动思维即可，但凡有办法，没人喜欢耗神的敏感。

而"认真"更是一种令人疲惫的态度，特别在亲密关系中。传统观点总会劝人"别较真""难得糊涂""别往心里去"，其原因不仅仅是"大事化小，小事化了"，更是"认真很累"。越是亲密关系，就越不容易认真，即便有诸多怨言也会睁一只眼，闭一只眼，得过且过，好像一旦认真，关系就不亲密了。

事实上，如果一段关系一较真就不再亲密的话，那么说明亲密是虚假的。而"感受型陪伴"必须认真，放下手头上的事情让孩子感受到在意。如果孩子没有主动袒露自己的感受，被你认真对待反而觉得不好意思，其背后含义也是"怕自己的难过不被允许"，而绝非孩子真不需要，除非你曾让他体验过敷衍与压制。

可能有人会觉得倾听与共情是心理咨询师做的事情。是的，这确实是心理咨询师做的事情，然而一旦孩子陷入糟糕的情绪行为中，你就必须临时成为不收费的心理咨询师。众所周知，心理咨询师就是感受、情绪、情感的陪伴者，而且是负面感受、负性情绪、淹没性情感的陪伴者。毋庸置疑，这很消耗。

用心听孩子谈感受，甚至听对你的攻击性感受，还要去共情，绝大多数父母都做不到，这是对感受型陪伴最大的挑战。但的确有父母正在做，准确地说，是被逼无奈地做，且绝不是短期行为，这种"无奈"基于三点：第一，早年对待孩子的方式带来巨大愧疚；第二，孩子目前问题的严重性与紧迫性；第三，你本人获得了某种成长的力量。在此，不得不警告为人父母者，平常有意识多做一点，就会减少日后的迫不得已。

最后，我必须再次强调，之所以能做到感受型陪伴，其背后的本质是对自己感受的敏感、认真、倾听和共情。如果你对自己内心的声音是粗糙的、敷衍的、批判的，甚至是压制的、羞耻的、苛刻的，即便你知道孩子的需求，也不可能传递这份陪伴，因为你没有陪伴的能力。

## "出格"才能"出彩"

电影《失控玩家》中，男主被游戏开发商设定为游戏里的"非玩家角色"（NPC）：他每天几点起床、穿什么衣服、吃什么早餐、遇见什么人、同别人打招呼的表情与话术、如何工作、如何上下班、如何与同事相处、几点睡，甚至睡觉做什么梦……都被限制在游戏程序的规划中。

如果你的人生是游戏，游戏的背景、目的、规则都被设定好了，你只需按部就班活在设定里即可，就像"驴拉磨"一样地过完一生，这就是**"格子里的生活"**。更重要的是，你生活在格子里却不自知，还以为人生由自己说了算，自以为很自由，殊不知从被"胎教"的那一刻起，就已经被条条框框限定了。而最终把规则执行并落地的，不是别人，恰恰是生养抚育你的父母与师长。

**出格，就是突破某个"格子"，这个格子就是"限定"**。所以，出格便意味着尝试突破一些限定。难道你不觉得自己像失控玩家那样一直生活在某个"格子"里吗？从小到大，我们被教育的宗旨就是"禁忌"："你不能做什么""你不该那么做""你不能这么想""你必须要遵守""你不能违反"……这是一堵堵无形的墙，它们的名字大概叫"规则""纪律""传统道德"等。

**有了格子，才会有所谓的"叛逆"**。

如果失控玩家没发现自己居然只是一款游戏里的人，如果楚门没发现自己的世界居然是被操控的，一切都将隐入尘烟。因此，脱离束缚无论是对你还是对孩子，都极为重要。落到亲子关系中，隐入尘烟的孩子就仿佛是流水线上的"人造人"，不具备独立的思想、批判的思维、创造的想象、不拘一格的自信，往往墨守成规，过完此生。

而那些"觉醒之人"往往会有惊人之举，或得出异于常人的成果。他们不满足受限制的人生，他们要成为自己，他们有自己的规则，而非把所谓的"社会规则"当作天经地义。我说他们是"活着的人"！任何叛逆的孩子都是试图突破格子的英雄，都挣扎在做"人造人"还是做"真实人"的矛盾中。

说到这里，你应该明白，敢于突破格子，是一件多么伟大的事情！现在让我们回到微观，去看看家庭中那些**"顶级父母"**，到底在这方面有何贡献。首先，我们需要知道，成为顶级父母的最根本前提是家庭成员之间最基本的信任没被摧毁。

父母的感情不能太糟，父母的基本功能没有丧失，即关注孩子的需求，拥有孩子的信任，对孩子没有严重的忽略、控制、虐待。简言之，父母对于孩子来说是"信任与安全"的存在。

也许你要问，怎么衡量？有没有标准？我的回答是，没有标准，你的感受和孩子的感受就是标准。如果你不满意，那么我只能细化到：当孩子遇到困境首先想起来的人，是你，这就是最基本的衡量标准。因为，同孩子做"出格的事情"意味着犯错，是需要被兜底的，若没有信任感，孩子绝不会与你一起冒险，因为你的存在本身就是危险。

假设父母与孩子之间的基本安全感与信任感还在，我会建议你去试着和孩子**"共同犯错"**。这并非什么大不了的事，假如你对此感到排斥，说明你本人已经被"格式化"了，首先突破的应该是你自己，而非孩子。

首先，你不是"人造人"，你要有这样的思维：尽管某些规则看起来往往是出于"好"的目的，但世界上的一切规则都是无常的、变化的、顺应时代需求的。

你若想做个有主见的、独立的、当自己主人的人，就必须具备批判精神，质疑一切眼睛看到的、耳朵听到的。这样的父母具有对生命的好奇、对存在的质疑、对规则的突破、对万物的探索的精神。而拥有独立思想的顶级父母也可以分为三个阶段：

**第一个阶段，允许**。父母可以做不到和孩子一起"犯错"，但是要允许孩子犯错，至少不会严重打压。比如上学迟到，有的父母会谴责孩子，而不去问什么原因，但顶级父母是允许的。别小看允许犯错，这是对孩子极大的认可，孩子会被植入这样的信念：**"我不够好是可以的。"** 换句话说，"我不够好，但也足够好"，因为太多人不是不好，而是过于追求完美，被潜移默化地灌输了"不优秀就该死"的观念。

允许犯错不等于无底线地纵容，父母也不应该害怕孩子失控。相反，把生命放在格子里养才会失控，才会发生可怕的事，而经常被允许"出格"的孩子，是不需要通过更大的错误来证明自己的。

**第二个阶段，配合**。比"允许"更进一步的是"配合"。配合孩子犯错，比如孩子说："老妈，咱玩局游戏吧，一会再写作业。"

亲爱的父母们，倘若孩子能这样和你说话，那么在"亲子关系融洽度考试"中,你的成绩绝对在95分以上!被孩子邀请"一起犯错""一起闯祸",这样的情感必须要经历上一个"允许阶段"才能实现。第一步,孩子不小心犯错被你允许;第二步,孩子故意犯错被你允许;第三步,孩子才会邀请你一起犯错。

你不能因为理性而选择拒绝孩子,永远记住,亲密关系中,理性是永远的失败者,感性和冲动则会占上风!就算你不情愿,此刻也要让位给孩子,就算很无奈地说"好吧!就一次",带给孩子的力量也是无与伦比的。

再次强调,放下对孩子"光玩不学""骄纵过度""得寸进尺"的担忧,这些顾虑来源于你被自己的格子深深套牢。活出生命和活在格子里,将会是完全迥异的人生。

**第三个阶段,主动**。被父母主动邀请"犯错"是许多孩子终其一生都不可得的幻想。一旦发生,则妙不可言!孩子会被深深打动,并会内化为独特的自信与力量,他会深信自己是可以的,会深信自己有能力打破一切,也有能力重建一切!

他不再被世俗限定,但这不意味着他不遵守制度,相反，他会更加遵守。因为心中的限定没了，就算身在格子里、牢笼里，他的思想与灵魂也是闪光的、自由的，他可以去到任何想去的地方，可以在经受重大挫败后再次站起来。

也许有人会担心这样算不算纵容和溺爱呀，如此一来，孩子是不是会犯更大的错误呢？事实上，如果你的孩子在一个严苛的、禁止的、控制的、以目的为导向的（比如成绩）、不允许犯错的成长环境下长大，那么你最好偶尔和孩子"突破"一下，去"一起犯错"。这会让孩子紧绷的神经松缓一些，降低各方面压力，并且让孩子内心深处认为自己还是有选择的。这不是娇惯与纵容，而是释放压力。据我所知，大多数犯错误的孩子都一直生活在被压榨、被禁忌的环境中，巨大的压力让他们最终不得不集中爆发，很容易酿成大祸。

有段时间，孩子们之间流行一种名为"萝卜刀"的塑料玩具。我女儿也买了一个，作为减压的小玩具。有些家长会担心，这种玩具会增加孩子的攻击性。但或许通过一些没有危险性的途径来释放攻击性，再加上家长的引导，反而是有助于孩子们的心理健康的。家长或许可以更客观地看待孩子的一些行为。

就像你邀请孩子犯的错,同样也是有限定的。你一定不敢去犯那些触犯法律的错误,所谓的错误只是日常生活中一些"小小的叛逆"。

相反,如果孩子成长在一个完全放松、自由的环境下,此时的养育就不再是"共同犯错",而是"共同遵守规则"。我们的目的在于"平衡",而非过度强调其中一端。

当然,绝不仅仅是主动邀请孩子犯错就能实现"思想解放",而是"当父母主动邀请孩子犯错时,你能想到的顶级父母的品质也就具备了,因为父母突破了内心的某种枷锁"。

在此,简单举个生活场景中的例子——当孩子担心迟到,"允许"和"配合"的父母或许会有以下回答:

"没关系,抓紧时间就行。"
"迟到没什么可怕的,谁还没迟到过呀。"
"我也经常迟到,没啥大不了的。"

而"主动"的父母则可能会说:

"咱要不要迟到一次感受下，你还从来没迟到过呢。"

以上仅仅是话术，那些在一起的感受、表情、语气、氛围，共同构建了亲子关系的互动瞬间。但奇怪的是，当你主动要求孩子犯错，孩子却会反过来坚守。比如，如果你拉着孩子玩游戏，他会一本正经批评你，并用认真学习来取笑你，但他的心里会乐开花。假如你觉得这很荒唐，或认为自己的孩子只会通宵玩游戏，我建议你从头学起，先要努力做到真心的"允许"。

别觉得一起犯错很简单，这需要你突破自己的格式化。更别觉得一起犯错很难，只要你具备了以上的品质，到处都是机会：旷课、迟到、撒谎、吃垃圾食品、玩通宵、爆粗口、拒绝别人……

具体例子一旦举出来，所谓的"文明人"就会受不了，啊，这怎么可以！太过分了！这不是把孩子教坏了吗？！别那么激动，也不至于那么激动，我们都知道社会公德，我并非要你去挑战权威或突破底线，而是根植一种理念：**规则是可以被突破的。**

这意味着个体敢不敢突破心中的格子，敢不敢突破那个

第一部分　理解孩子，理解自己

一直压抑的、温顺的、憋屈的自我！然而，并非所有孩子都有愿意"一起犯错"的顶级父母，他们最终不得不自己革命，表现形式就是"叛逆"。有家长问我，孩子是不是都有"叛逆期"，我说不是，当你做到了以上的陪伴，孩子就不会叛逆，因为他在这方面的诉求已经被你满足了，便没必要重复这个很普通的游戏。正因为"主动"的顶级父母极为罕见，青春叛逆期才会成为常态。即使孩子们没有在青春期出现叛逆的表现，那么也必定会有中年叛逆、老年叛逆。

而对于大多数做不到"出格陪伴"的父母来说，他们更倾向于用"立规矩"的方式去教导孩子，这并没有错，但是要理解自己给孩子立规矩的动力何在：

**第一，不信任**。你害怕被贬低，害怕被抛弃，害怕与众不同，你在意别人的感受多过在意自己，你必须要得到"权威或规则"的认可，所以你相信"没有规矩不成方圆"。一个生命为什么要成为"方和圆"呢？难道他就不能成为三角形、多边形或不规则图形吗？既然你无法相信，那就去立规矩吧，但要记住：**规矩只是协助，而非胁迫。**

**第二，无奈**。孩子实在无法与家长同频，特别是青少年，他们就喜欢叛逆，喜欢和父母对着干，对此你倍感无奈，那就立规矩好了。规矩可以让你不那么无助，让一套家庭"法律"来缓解你的压力。但你必须清楚，你的无奈不该通过孩子缓解，同时，你立的规矩应当保证双方的利益，而不应是偏向一方的霸王条款。

**第三，打着"为你好"的名号，以自己为参照物去教导孩子**。父母作为过来人，深知这世界的潜规则与危险，深谙末位淘汰之惨烈，认为孩子"落后就要挨打"。所谓落后就是社会普遍法则中的竞争力较弱，譬如在考试成绩、学历学位、人际交往等方面不优秀。父母不想眼睁睁看孩子被淘汰，被看不起，因而立规矩，但是必须分清这到底是规矩，还是自己在孩子身上的投射。

**第四，愧疚与失控**。如今孩子太自由，太有主见，太敢说敢做，太不顾及他人感受——而这一切都是拜你所赐，温尼科特在《青少年的未成熟性》这篇论文中指出：

第一部分　理解孩子，理解自己

我们要记住，叛逆来源于自由，而这份自由是你给予孩子的，因为你把他养大的方式就是让他可以凭借自身的权利活着。

你看，支持孩子按照自己的权利活着——这难道不是最伟大的父母吗？然而，有的父母并非开始就这样，他们在孩子年幼时，由于不懂心灵成长又无暇顾及孩子，导致给了孩子某些不恰当的养育，比如打压、忽视、苛刻等。后来，他们开始愧疚与补偿，开始尊重孩子的自由——必须指出，这就是进步！

当孩子开始绽放，有了自己的个性，可以去攻击、去叛逆的时候，特别面对外界的不同声音，你开始怀疑："难道我错了吗？"孩子的自由让你开始失去控制，慌了神。

我肯定地答复你：你一点都没错！千万别否定这来之不易的改变。作为父母，你及时修正了自己，开始把孩子真正当作生命对待，这是成长而非偏差。此刻，你可以立规矩，也别担心他会被框住，因为你已经不是过去的自己了，孩子更不是过去的孩子，千万别小瞧自由的力量。你甚至可以与孩子对峙！面对少年的无情攻击，你无须忍气吞声，因为你们是两个平等的人，都有权利维护自己。

温尼科特明确指出："如果一个成长中的男孩或女孩发起了挑战，就让一个成年人来面对挑战吧！这个过程不一定是温文尔雅的。"他接着说："我们要直面他们的攻击，这种攻击让他们感觉自己凌驾于世界之上，我们需要与他们对峙来让他们了解现实……对峙是一种遏制，是非报复性的、不带复仇之心的，但它自身是有力量的。"

特别注意，对峙不代表你要消灭他的叛逆，而是"某种欣赏的对抗"。孩子活出了自身的生命力，父母不能去扼杀，而是要用对抗、不屈服去欣赏！自由与规矩并不冲突，规矩是为了更好维护而不是消灭自由，是为了让孩子"适应现实"，因为通往独立自由的路上最大的障碍就是：孤独。

试想，孩子那有独立思想的、不被大众价值观所左右的生命，或许会被视为"与多数人不一样"，甚至被排挤、被边缘化——对孩子而言，这些都属于"孤独"。

这当然不是父母希望看到的，你最大的心愿就是让孩子"享受自由的同时不被排挤"，所以"适应现实"就变成了某种方法，或者说某种灵活的功能。适应现实不代表屈服他人意志，而是自我保护的策略，如同身在羊群却心有猛虎。

但父母总会打压孩子的"虎狼之心",结果就真把孩子变成了"绵羊"。最后必须强调:真正的规矩是从孩子内心的自由发展而来的,而绝非外在的约束。

# 第三章　优秀的孩子，被满足的父母

亲子关系的前提是先理解自己，

只须把对孩子的要求转到自身，

然后问自己：

"为何会对自己有这样的要求？"

——冰千里

第一部分　理解孩子，理解自己

## 优秀的孩子意味着什么？

　　Z女士见到我的时候，与其说悲伤，不如说震惊。因为她实在搞不懂自己的儿子小A为何抑郁，搞不懂在重点高中年级排名前十的儿子为何会辍学，更搞不懂一直听话懂事的儿子为何对他们破口大骂。这些事情也就发生在近一个月的时间里，Z女士完全蒙掉了，她和丈夫都怀疑这个孩子被什么"脏东西"附体了，甚至还请人做了法事，因为他根本不像自己以前的儿子。但当我见到小A的时候，他根本不在乎，称自己从小就是"别人家的孩子"，无论是性格还是成绩都是被夸赞的，"优秀"一直就是这位戴眼镜的16岁白皙男孩特有的标志。"现在，去他的优秀！我是一个人，不是一个优秀的工具，我讨厌自己的虚伪，讨厌别人说我优秀，更讨厌他们夸我的样子，很恶心。"小A这样说。像小A和Z女士这样的家庭我见过很多，我知道他们对于"优秀"的标准不一样，对Z女士这样的父母来说，优秀就是他们眼中喜欢的样子、学校喜欢的样子、社会喜欢的样子。而对于小A们而言，"优秀"就像一个诅咒，把他们每天困在深井中。那么，父母眼中的优秀表现在孩子身上，会有哪些所谓的"准则"呢？

**第一类，是听话的孩子。**

世界上不存在无条件的爱，即便看似存在，剖开层层内心也会发现，无条件的爱的下面，是各种隐晦的获益。这是事实，无须沮丧，让我们痛苦的绝不是事实本身，而是不肯承认事实。

在此基础上，多数孩子变成了父母或社会希望他们成为的那种人，这就是"听话的孩子"。**这类孩子的典型特征就是：敏感地察言观色。**他要时刻观察父母的一举一动，把握他们的情绪节奏，以便及时有效地调整自己，来适应、迎合、取悦、讨好，确保好孩子的位置。当父母对外夸赞自家孩子"乖""懂事""听话""有礼貌"的时候，孩子就已经成了他们的"附属品"。

这类孩子操作起来最方便，只需按照父母说的去"表演"即可：你喜欢我做家务，我就变得勤快；你喜欢我见人就叫叔叔阿姨好，那我就动动嘴；你喜欢我不挑食、及时完成作业、按点睡觉，我照办即可；你喜欢我学钢琴、学踢球，我便顺从地去学习。

而孩子的特征同样是了解父母内心世界的很好依据。**这类孩子的父母往往很脆弱，自己有诸多无奈和求而不得，为隐藏这种"无能感"，他们必须在某段特定关系中显得强大。**对方最好是天天见面的、力量弱小的，这就可以满足他们隐藏无能、体验强大的需求，没有谁比自家孩子更为合适了。他们的一切亲子互动都在表达："你听我的，我才喜欢你""你听我的，才是正确的""你听我的，才让我觉得有力量"。至于你听我的什么，并不重要。

我要的不是你具体听我什么指令，而是要"你觉得我是对的"感觉。这样的父母往往很善变，今天心情好了就让你多玩会手机，明天心情不好就没收手机。父母的撒手锏绝不是"惩罚你"，而是"认可你""喜欢你"。你想让我爱你吗？那就要听我的——就这一个要求。

"听话的孩子"长大后往往可能会有以下倾向：

**第一，没主见、"随风倒"、不能独立思考、不敢承担责任。**这很好理解，因为他们潜意识里认为自己是不可以有想法的，每次有想法的时候都不被认可，只有听从他人的想法才是有价值的。慢慢地，他们就不想要思考了，毕竟思考本身也很累，他人代劳，何乐不为呢？

然而，人不同于自然界其他动物的优势之一，便是具有"独立思考"的能力。独立思考之所以重要、之所以累，是因为既要不停问自己"这究竟是为什么"，还要克服从众效应，以独立的思考从自身的立场来发问，这与人的惰性、群体性相违背。能一直保持独立思考能力的人，只是少数，而这少数人恰恰是推动人类前行、有所成就之人。

**第二，压抑负面情绪，特别是攻击性与掌控欲。**这些孩子在起初被打压的时候，内心是恐惧的、愤怒的，只是表达出来就变成了"坏孩子"，并受到了惩罚。为了不被讨厌，他们慢慢就学会了忍耐。这也变成了很多人劝慰朋友的惯用语："唉，别生气了，忍忍就过去了"或者"睡一觉就好了"——这么劝，于人、于己都省心。通俗来讲，听话的孩子"活得很窝囊"。

**第三，回避冲突，却又喜欢看他人冲突。**他们喜欢的角色是"大多数"，因为藏在群体之中最安全，而暴露会面临"被指责""被排挤"的风险。冲突对他们而言没必要，做个凡事习惯"好好好""是是是"、只会顺从的人最妥当。但他们又会被敢于冲突、敢作敢为、热烈澎湃、打破规则的

"坏孩子"吸引，因为他们活出了自己活不出的模样。

**第四，依附他人。** 听话的孩子会主动寻求强大的伙伴，或者所谓的"权威"，并羡慕他们，由此做出迎合、讨好的行为，这样就有人"罩着他"了，就算天塌了还有对方顶着，自己无须承担责任，并以此为荣。这是"听话的孩子"自我保护的方式，如同"藤缠树"，只要有大树在，藤条就可以吸取养分，无风险地活下去。然而，危险也并存，一旦发现对方也不过如此，内心建构起的安全大厦就会崩塌，强烈的无助感油然而生，因此，他要极力去维护所依附的"大树"。

**第五，叛逆的孩子。** 这便是所谓的"不听话的孩子"，他们所做的一切没有对与错，只要和父母、老师的期待相反就行。但从某种层面来看，"不听话的孩子"才是最听话的孩子，因为他们活出了父母活不出来的梦寐以求的样子。

父母多希望自己就是那个桀骜不驯之人啊，可惜他们自身不仅绝望，还会百般镇压和威逼利诱，打击一切叛逆者。"我做不到的你怎么可以做到呢？"——这简直让我恼羞成怒，我绝不容忍我的孩子这么勇敢，这只会让我更脆弱。——这属于创伤的代际传递，如果你小时候被打压、不允许叛逆,那么你的潜意识中会有两种"遗传倾向":一种是希望你的孩子叛逆和反抗,以此来替你完成未完成的使命;另一种刚好相反,不希望孩子叛逆,因为你害怕叛逆是会带来危险的,是会被镇压的。也有的兼而有之,在不同的家庭有着不同的表现形式。

叛逆的孩子,为了活出自己的世界,不惜冒着被镇压的风险艰难前行,变成了与父母期待相反的人,却无意中成就了父母潜意识中的愿望。但是无论孩子也好,父母也好,表面上都绝不认可这一事实:孩子不认可,是因为他们绝不想活出父母没活出来的样子;父母不认可,是因为这会让他们觉得羞耻。

**第二类,是有用的孩子。**

"有用的孩子"与"听话的孩子"不同,父母无须孩子全面唯命是从,只要孩子在某一方面有价值即可,即功利主义。比如要求孩子学习成绩好,这在表面上看来是为了孩子,因为成绩好才能考好学校、找好工作、赚更多钱。这也许是事实,但也是为满足父母的"情感期待",好像成绩好了,父母脸上就有光,在他人面前才能挺直腰板。

究竟为什么孩子优秀了,父母就觉得好呢?我思索了三点:**传统文化**——"母慈子孝""夫唱妇随""母以子贵",这些价值观至今影响着现代人。**社会竞争**——竞争之所以能带来压力,本质上是个体不愿独立思考,只愿做随波逐流的乌合之众,于是在教育孩子方面,大家一起拼孩子,以孩子的成就衡量自己的成就。事实上,"比你优秀的人比你还努力"之类的话就是毒鸡汤。**融合自恋**——只有认为自己不够好的人才会通过与另一个厉害的人融合彰显力量,父母自恋(自信)受损,才会指望孩子更厉害。

再回到"孩子成绩好才有用"上,这一观点无可厚非,但是这类父母往往强化"有用"的部分,而打击其他部分。除了"成绩好",孩子的情绪、爱好、思想、烦恼似乎都变得微不足道。父母并不重视成绩之外的东西,或者只是敷衍和"应该"关心,而非发自内心在意。

长此以往,成绩就成了孩子自我评判的唯一标准。这标准一旦形成,会十分可怕,它会扭曲基本认知,让孩子觉得只有成绩好,"自己的存在"才是好的,将成绩等同人的价值本身。这种单一的价值观会让人格失去弹性。

"成绩好"只是典型的例子,家长希望孩子其他"有用"的部分还有很多，比如突出的特长、技能、才华，甚至身材、相貌等。各种考核进一步强化了"我只有在某个方面出色才有用"的扭曲认知。

以上都是社会认可的功能性，还有很多隐晦的、不被社会认可的"有用"。比如，有的父母潜意识希望孩子生病：这样就可以照顾他，满足自己的"被需要感"，就可以不让孩子离开自己，就可以回避与伴侣的冲突，甚至可以满足弥补自己当年没人管的底层愿望。再比如，有的父母潜意识希望孩子打架，最好打赢：这样就可以通过孩子"反转"自己胆小怕事、被人欺负却不敢吭声的需求，尽管他们表面上批评孩子，给对方家长道歉，内心深处却对孩子的行为表示满意。所以，孩子"生病""打架"被某些父母赋予了"有用的价值"，尽管没有"学习成绩好"那么明显。

时间久了，生病变成了"只要体弱多病就被爱"，打架变成了"只要用武力解决就被喜欢"——这些特质都很"有用"，都会获得关注。总之，孩子们总会从养育环境中敏锐地捕捉到对自己而言无可替代的某种"功能"，而这个功能又能使他们在养育环境中获得独特的关注和重视，从而被视为"有用的孩子"。

也许你会问，难道对孩子的期望和重视反而是不好的吗？

**第一，会很消耗。** 当你把筹码全押在一件事情上并形成习惯，一旦失败，你会难以承受。比如，有的孩子一旦成绩不好，就没了活下去的动力。因此，他们需要耗费大量心力来维护这个赖以生存的核心动力。许多孩子走向抑郁，都是在这个动力被摧毁之后，被弥漫的无意义感困扰所导致的。

**第二，不能享受生活本身。** 生活真正让人享受的不是结果和目标，而是过程。你喜欢跑步仅仅是因为你喜欢跑步时候的风景、心情，当跑步变成了目标，也就失去了乐趣。"有用的孩子"更在意他人认可和环境评价。他的努力与消耗都是为了证明自己有用，而非喜欢事情本身。努力的背后是恐惧，他害怕一旦结果不好就会成为糟糕的、无能的、没用的人。这种心理状态绝不是在追求成功，而是在避免失败，根本谈不上享受。

我见过许多人，他们都是世俗意义上的"人才"，但内心并不快乐。相反，他们会有两种心态。**一种是"害怕"**：害怕会失去这一切，害怕不能持久，因而必须更内卷，才能保住这来之不易的成果；**另一种是"无意义"**：一旦达到某个目标，整个人会觉得空虚，好像"我已经证明了自己，那又怎样呢？接下来要做什么呢？"

**第三，无法享受独处。**独处能够让人体会真正所爱之物。譬如，我喜欢绝对独处来写作，这让我感到自由，不一定非要被认可。而"有用的孩子"往往无法实现真正的独处，他会在意阅读量、点赞量、读者评价等"有用的东西"，就算一个人码字，也是在背负他人的期待与认可，让写作本身沦为工具。一个不能享受独处的人和不能独立思考的人同样可怕，因为正是这两样东西让人生有了意义。

故此，当孩子做某件事、与某人交往时，若出现了莫名的烦躁或不得已而为之的感受，就表明他正在通过这件事、这个人证明自己是重要的、有用的，而非出于自己真实的需要。

有用的孩子往往会发展成"优秀的孩子"，简单来说，即被他人认为是优秀的人。但实际上，"优秀"是一个人内心的感受，绝非他人的评价。一旦我们让"优秀"由他人来定义，"优秀"就成了工具，就会变成自己的压力——不得不去"证明自己是优秀的"。我认为：

第一部分　理解孩子，理解自己

## 真实的优秀=全部的优秀-证明自己的优秀

而让我们痛苦的恰恰是"证明"，因为证明本身就在说明你很差劲，至少你觉得自己不够好，否则干吗要去证明呢？若你被"证明优秀"所累，请从以下三个方向开始思考：

**第一个方向：你的努力证明只是个模式**。要理解这个模式反映了你怎样的精神世界，它一般来自早年养育环境带来的偏差，就像成绩好被爱，成绩不好被羞辱。然后要感谢这个模式。因为在当时除了变成他们喜欢的样子，你别无他法。也正是这个模式，的确让你获得了某种偏爱，无论来自家庭、学校还是社会。请记住，所有让你痛苦的，最终都会给你带来好处。

**第二个方向：做个"厉害的孩子"**。厉害的孩子就是找到了自我满足方式的孩子，重心从"证明自己"转移到了"享受自己"。很多人都经历过这漫长的成长：从无所不尽其能来获得他人认可到自我认可。最终，你明白了一个真谛：对自己没评判，别人的评判就伤不到你；对自己认可，别人认不认可就无足轻重。

经历过爱情的人都有这种感受：喜欢他，他做什么你都喜欢；不喜欢他，他再优秀也是徒劳，你总能找到不喜欢他的地方。这种感受在其他的人际关系中也是一样，因为没有人能够满足所有人对优秀千差万别的期待。慢慢地，你会找到某种途径享受自己的人生，就像许多艺术家一样，他们对世俗偏见毫不在意，只醉心于所爱之物。

也许你说，我只是个普通人，也能有像艺术家那般醉心于所爱的事物吗？我告诉你，每个人都有所爱之物，你可以问自己一个问题：若你在一个无人岛上，并且只能做一件事，你会选什么？你所选的那件事，就是你的心爱之物，就是你自我满足的途径，那时，你无须向他人证明什么，因为岛上并无他人。但是，让他人觉得优秀和自己觉得优秀，是可以并存的。

有位作家曾回答过上面的问题，他说，若让他只做一件事，那就是写作，但如果我的作品没有一个人看到，我会选择自杀。我们都和这位作家一样：一方面想要成为自我享受之人，另一方面也会在意他人怎么看我。只是顺序要有区别，前者必须在第一位，后者才会达成。若连你自己都无法投入某个事物、某种亲密关系中，对方或他人是绝不会买账的。而一旦你做到了就会发现：一切你想要的东西都会自然而至，包括他人的认可与爱。

**第三个方向：直接表达需要**。许多人抱怨伴侣、孩子不理解自己，是因为你从未直接表达过真实的需要和关心，"说出来"的意义大过想象。

譬如，你觉得自己又做家务又工作又照顾孩子，伴侣不仅不感恩还经常指责你，那你有没有告诉他，"我很辛苦，需要你的理解与关心"？

你可能会觉得直接表达需要很难，你怕会被报复、被打击、被抛弃，怕破坏表面的和谐，怕真实期待落空，更怕希望被彻底击碎。但是，请不要怕，因为诉说内心的真实需求是心灵成长的核心，也是你摆脱作为工具被使用的有效法则。

**第三类，是一味努力的普通孩子。**

**应试教育背景下，这样的学生最常见**：他们既不是学霸也不是学渣；既不是尖子生也不是叛逆生；既不优秀也不堕落。他们就是大多数的"普通孩子"。

他们很努力，很认真，较自律，不过度玩手机。他们会熬夜，会偶尔出去打打球、吃点好的作为奖赏，也会经常抱怨、经常喊累。他们很想提升学习成绩，但多数成绩一般。

他们容易内疚，总觉得对不起父母的操劳与期待；他们容易委屈，觉得对不起自己的付出；他们很敏感，很在意父母、同学说什么，也对自己有诸多评判；他们羡慕嫉妒天赋异禀的"学霸"，也怜悯同情比他们更努力但成绩更差的"学渣"，但他们内心可能在偷偷暗爽。

正是这种"比上不足，比下有余"的落差，让他们一次次从沮丧中站起来，继续下一轮努力。他们就像勤劳的小蚂蚁。

**应试教育背景下，和普通孩子类似的普通家长也最常见**：他们既不算富裕也不算贫穷；既没有高学历也不是文盲；既不是虎爸、虎妈，也不放任孩子，也许过去是，但现在学会了部分接纳。他们深知在社会上打拼有多难。

他们也容易内疚，打骂、责怪孩子后会陷入无尽的自责与后悔；他们尽其所能为孩子创造好的学习氛围；他们学会了隐忍，敢怒不敢言；他们换着花样给孩子做好吃的，陪孩子写作业，尽量不在孩子面前与伴侣争吵。

他们也很委屈，因为他们觉得自己付出的足够多，却没活成自己想要的样子；他们同样羡慕、嫉妒混得好的同龄人，也在不如自己的人面前充满优越感；他们心疼自己的孩子，也眼红别人家的孩子；他们对自己不抱有太多期待，但对孩子充满期待。

他们活得有点压抑，却也不至于抑郁；他们经常觉得生活美好，但也不至于幸福；他们总是克服一次次挫折，打起精神继续生活。他们努力的样子，就像辛勤的大蚂蚁。

是的，"小蚂蚁"与"大蚂蚁"构成了这个世界的大多数。他们、我们，就是努力生活的普通的家长、普通的孩子。

然而，大多数的家长不愿发自内心承认"我很普通，所以我才不愿让孩子像我一样普通"——这种投射的代际因果关系，他们不愿看见自己的"无能"。

普通不是无能，只是父母错把普通当作了无能。因为你读过的书、走过的路、遇过的人、早年的原生家庭，都在让你形成并固化了这样的认知：不优秀就是普通，普通就是无能；而无能会被人瞧不起，会低人一等，会面临生存危机。所以，"证明自己不无能"成了这类父母潜意识中的动力，也是他们对待孩子态度的基石。

于是，认知又告诉你：如何改变对无能的恐惧呢？好像只有努力。努力本没错，谁又不是正在努力呢？活着本身不就是努力吗？**努力本是中性词，是一个所谓的人类文明的自然现象，可是我们却给努力赋予了太多额外的属性。**

**1. 努力的单一属性**：当家长看不到孩子在自己喜欢的领域有多努力，便是忽略了努力的多样性。譬如孩子对足球的狂热、对手工的执着、对写作的兴趣，许多家长从来没把这些当作是"可以去努力"的东西，而在他们看来，唯有考试成绩才是应该要去努力的。

忽略努力的多样性，就是在扼杀生命的多样性。正是由于世界上存在许多不同的声音、许多迥异的性格、许多缤纷的生活方式，这才构成世界本来的样子，也体现了人类多样性的本质。看清这一点，你就会对孩子多些欣赏，因为没有谁规定他必须按照多数人的既定线路去走，还要走得毫无偏差。

如果看不到这点，你就会认为孩子无论多拼都不够，如同看见了自己。你有没有认可过孩子那些与成绩无关的努力呢？有没有认可过你不以赚钱为目的的那些努力呢？难道它们都不配存在吗？

看见、认可、允许、欣赏努力的多样性，会缓冲孩子对成绩感到的单一压力，就有可能真让孩子在成绩方面有所突破。因为当孩子作为一个完整的人被认可，他在提升成绩的过程中就不会感到那么艰苦。

**2. 努力的目标属性**：一旦把努力当作达成目标的手段，努力就会变成负担，负担过重的时候，努力的弦就会绷断。我们肯定的是"努力"本身，而不是结果必须成功。否则，你对成功也会同样苛刻——只有更成功，没有最成功。

当努力成了某种证明成功与优秀的标杆，孩子对于努力的态度会变得越来越不情愿。孩子并非不愿成功，而是他看不到希望。他不断否定此时此刻的自己，不断打击不停努力的这个自己，使得努力变成了牢笼。然而，努力不是牢笼，而应是一股动力；不是努力一定有结果，而是努力本身就很美。

**3. 努力的孤立属性**：当努力的结果必须是成功和优秀，不努力就意味着失败和平庸，你就把孩子和自己孤立了起来。

允许孩子偶尔的不努力，允许孩子的努力得不到回报——这就是把孩子当人看的最基本态度，也是对待努力的基本态度，更是你对待自己的基本态度。

**4. 努力的攀比属性**：不知何时，努力不再是当事人自己的事情，而是变成了"比赛"。无论你多努力，总有人比你更努力，这成了一个魔咒，让每个人都变成了努力的奴隶。

有位来访者称自己高三那年拼得几乎要累死，但父亲总觉得他还不够努力。每次熄灯后，父亲都警告他，对面楼的同学还没熄灯，仍在复习。多年以后，同学聚会聊起来，那个同学说自己喜欢开着灯睡，我的来访者顿时泪流满面——是啊，当一个人连自己够不够努力都说了不算，请问他还能坚守什么？

努力一旦与攀比挂上钩，就会永远达不到满意的程度。因为总有个人在你前面，轻蔑地告诉你："你不行！"努力一旦与攀比挂上钩，就不再是真实的努力；而是一种证明，一种装模作样，一种刻板的执念，一种永远都觉得自己不够好的诅咒。如果你实在忍不住攀比，千万别说出来，在心里偷偷比较就好，因为你家孩子也正在暗中与别人比着呢。

"你若有孩子这般努力，你的工作成就也不止于此吧？看看你的同事、同学，人家赚钱比你多、比你有品位，还比你努力，你却在与一个小孩子较劲，你丢不丢人呀！"当我这么对你说，你作何感想？

**5．努力的投射属性**：大多数父母要求孩子努力，其实是因为他们自己不够努力，却又不敢正视这一点，只能潜意识地投射给孩子，让孩子替自己努力。同样，父母要求孩子优秀，恰恰也是因为父母不敢正视自己的无能。他们对现在的、过去的自己很不满，潜意识投射给孩子，让孩子替自己优秀。也许，他们的不满不仅仅来自于工作上的低成就，更多的是由于亲密关系中的低幸福指数。

以上，并不是一个简单分类，而是通过听话、有用、努力的孩子们，在说明我们正在被错误的"优秀价值观"扭曲，我们也在扭曲着孩子对优秀的价值观。事实上，任何一种"品质"成为大家竞争攀比以及被要求、被苛刻的对象时，这种品质就会被扭曲。换句话说，一旦优秀成为孩子活着的主流标准之一，那么优秀也就失去了本来的意义，因为优秀应该是个体内在的一种感受，而非外界的一种要求！如同本章开头例子中的小A，优秀只是为了让他人欣赏，但在小A看来，自己不仅不优秀，还十分差劲。接下来，我会与你分享，如何尽可能抵达相对真实的优秀。毕竟，真实的优秀的确能给人带来价值感、成就感，以及实际的利益。

## 如何让孩子变得优秀

你之所以认为孩子优秀，是因为他符合了你的一套关于"优秀的准则"。这个准则可能是"级部前十""主动做家务""积极主动、乐观、有主见""自律""考上重点大学"，等等。

由于大多数父母与你持类似的准则，这个准则就变成了社会的普遍价值观。于是，大家都认为孩子成绩好是优秀的，是更值得被关注和奖赏的。但凡有人反对，你就会怀疑、诧异、不屑，甚至愤怒，因为这挑战了你的价值观。随着你的准则越来越固化、僵化，你就会用这套标准来看待孩子、看待自己、看待他人、看待这个世界。

但是孩子的优秀或平庸，到底谁说了算？是孩子要做到父母、社会眼中的优秀，从而被好好对待呢？还是孩子认为自己是优秀的，是值得被好好对待的呢？

毫无疑问，这两点都有，相互交织、相互影响。别人觉得我优秀才对我好，所以我也觉得自己优秀，我觉得自己优秀，就更值得别人对我好，这就变成了良性循环。相反，别人觉得我差劲就贬低我，我也会觉得自己很差劲，我觉得自己差劲，就感觉不配被好好对待，这就变成了恶性循环。故而，**父母对待孩子的态度很大程度上决定了孩子能否"感受优秀"的关键点。**

需要强调的是，这个优秀，是孩子自己认为的优秀。**优秀与成功是一种"本人的主观体验"，孩子更有权利获得他自己想要的优秀，而不是父母安排的优秀。**

也许你会说："变不成社会想要的优秀就很难混下去呀，我这是为孩子好呀。"——这是错误的想法，是从小被他人的优秀准则控制下长大的孩子的价值观。这个扭曲的价值观会让你认为要依靠单位活下去，要遵从其标准，否则就会被淘汰，或无法升职加薪、不被重视。

一个人如果认为自己足够优秀，就不会因为被辞退而感到特别痛苦，相反，他会继续寻找更适合自己发展的舞台，会继续等待配得上他的优秀的工作机会，也更加能够分辨和调协他人眼中的优秀与自我认知的优秀之间的微妙关系。

换句话说，他不会因为不符合外界标准而看低自我，也不会完全让对方来符合他的标准才会心安。倒是那些把别人眼中的优秀作为参考标准的人才会痛苦，一旦被裁员会异常悲伤、愤怒，因为这意味着自己的价值被剥夺了。

这类人就算在职场上再优秀，内心也是惶恐的，因为他们要随时保持优秀状态以避免被裁员，要继续内卷来符合他人的标准。而他人的标准是不可控的，是你说了不算的，你的优秀与否掌握在别人手中，故此，你的惶恐就永远不会消散。

也许你又会说："难道我要完全让孩子自己说了算吗，完全让他感到自由和优秀吗，那我作为父母的作用在哪里？"提出这样的问题，足以说明你的焦虑是难以自制的，说明你是必须想要为孩子做些什么才能够缓解焦虑的。

那么，现在我就来告诉你，应该为孩子做些什么，才会让他感到更优秀。

**允许孩子给自己的生活"赋予意义"**。如今，"空心病"越来越"少儿化"，甚至出现在小学，乃至幼儿园阶段。简单而言，这种现象就是"无意义感"，包括但不限于"抑郁情绪、自卑、自闭、情感麻木、空虚"。一个内在自认为优秀的孩子，首要标准就是"他活着是有意义的"。他深知为何而活，并以此为信仰，且这个过程充满了价值与成就，即便有很多挫折也会努力克服，克服本身也是快乐居多的。

**那么，"无意义感"的来源就再明显不过了：第一，活着是为了他人；第二，没人在意我这个人本身**。换位思考，如果我的价值都是为了活给别人看，承担别人的情绪，按照这个世界给我的安排去做，那我一定觉得毫无意义，甚至"意识不到毫无意义"，因为没有了"我"，何来思考呢？我就只是觉得活着很空虚、很孤单。因为他人只是在意我飞得高不高，没人在意我飞得累不累，这样的关系越多，我就越孤单，"没人看见我"。

让孩子给自己赋予意义究竟是什么？我的女儿从一年级开始着迷手工制作，没有任何人教过她，她会自发查资料、学习和制作。三年来，她几乎每天都会制作各种小物件，并把每件物品展示给我们看。有天，我开玩笑道："给你报个手工课咋样？或者报个班精进一下？"她连忙摇头，还有点怕。是的，"做手工"就是我女儿给自己生活赋予的意义感。其间，她完全独立、完全自由。我们多数都不干涉，当然偶尔也会说几句，比如，提醒她早睡和不要忘记写作业之类。

**允许孩子在生活中至少有一项他完全可控的东西，或至**

**少不反对，就是协助孩子给自己赋予意义感**。这里，你也许会想到网络游戏，但那又怎样呢？你所担心的主要是怕他耽误学习而已。然而，一旦你想把孩子的意义感据为己有，他的意义感就会丧失。比如我想给女儿报手工班，也许这会让她的手工成品更加美观精致，但也可能剥夺她的意义感，就本质来说，这个手工可能就不再是孩子心里想要的手工了。

以此类推，一旦把"没用"的爱好发展成目标任务，那么爱好连同它带给孩子的情感都将消失殆尽。允许孩子做些看似"毫无用途"的事情并沉浸其中，其结果往往就是他会自发把这个爱好发展得十分优秀。

**对待孩子切莫"矫枉过正"**。有的父母会无底线地给孩子自由，对孩子盲目支持接纳，生怕任何形式的控制会给他带来伤害，这在本质上就是"忽视"。没有规则就没有自由，恰当的管教意味着安全。这很悖论，但孩子内心的事实是："我讨厌被控制，但又希望父母对我有所要求，这会让我觉得被关注，同时又希望当我达不成他们的要求时，也是能够被允许的。"这个心理的重点在于后者，比如你规定孩子玩20分钟游戏，当他偶尔玩了半小时的时候，这也没什么大不了，你不会感到束手无策，也没有给予巨大惩罚——这个过程，叫"自由"。

所以必须要管孩子，只是别把管教演变成控制。比如这三种情况就必须要管：**（1）孩子主动求助；（2）孩子的情绪与平常反差较大；（3）孩子的社会功能失调（比如辍学、生病、严重失眠、饮食障碍等）**。"控制"与"放任"之间有个连续谱，你要根据自家情况找到一个"度"，这个度就是你的位置，切莫左右摇摆或轻言放弃。

**为孩子提供一个适合发展优秀的家庭环境**。孩子要发展出真实的优秀，必须要有一个匹配的家庭环境氛围。这个环境包括两个重点：

**首先，你是如何对待自己的**。身教大于说教，关键在于你不是故意做给孩子看，让他以你为榜样，而是你本就是这样的人。举个例子，你本人也在内卷，但你少有抱怨和沮丧，因为你对手头的事情是那么热爱，是不需要他人要求就能自觉地热爱。为热爱的事情努力就不存在内卷，因为内卷是一种不得不去努力的事情。你的这份热爱恰恰来自你的自主选择而非被迫选择，来自你的真实兴趣而非仅仅为了赚钱。把爱好变成事业是这个世上最值得做的 件事，而能完成这件事的人，刚好就是不被外界限定的人。

此时，你面对困境是如何应对的，是如何保持活力的，是如何维护边界的，是如何独立思考的，是如何处理关系的——这一切都在潜移默化地影响孩子。如果你是一个没有激情的人，是一个屈从他人的人，是一个总是带着怨气工作的人，是一个无法处理自己情绪的人，你难道还指望孩子有多优秀吗？

**其次，你与伴侣之间的关系。**婚姻不必追求完美，但要避免陷入一些糟糕的状态，如冷漠、冷战、疏离，或者不停的争吵、谩骂。

至少要做到这两点，才说明你给孩子提供了"发展优秀"的家庭环境。你看，其实这两条和孩子半点关系都没有，只是你与自己的关系质量、你与伴侣的关系质量。

**可以喜欢孩子的优秀，但不要厌恶孩子的平庸。**孩子认为自己优秀的前提，不是你觉得他很优秀，有多爱他，而是当他觉得自己不优秀时，不会被惩罚、被嫌弃。在没被扭曲之前，孩子本身有足够的创造力，他可能喜欢钢琴并乐此不疲，但你不喜欢，因为你觉得它没用，孩子绝不会考虑它"是否有用"——你与孩子的出发点在本质上就产生了分歧。

"控制"由此产生。你非要让孩子去喜欢、去热爱你觉得有用的、有价值的、有前途的东西，比如为各种考试、加分项目忙碌，你就折断了孩子的喜欢。勇敢的孩子会"反抗"，他宁愿放弃钢琴也不要满足你的要求。

另一部分孩子选择了"顺从"，唯命是从。对他们来说，不存在我喜不喜欢，只存在你喜不喜欢，有时还会因为你的喜欢而装作喜欢，活出你想要的优秀的样子。

这部分孩子将来可能有以下三种倾向：

第一，现实很优秀但内心空虚、迷茫，因为他从未为自己活过；

第二，继续坚守他人的评判标准，继续投射给他的孩子；

第三，无论身体还是心理都发展到病态的程度，总之，就是没法继续完成别人眼中优秀（此刻已经演变成自我苛刻）的使命了。

我的观点，清晰而明朗：人就此一生、短短的一生、唯一的一生，最大的遗憾莫过于从没按照自己真实的想法活过，更大的悲哀莫过于他本人还不自知。

优秀来自"试错"。"自己选的路，跪着也要走完"，说这句话的人充满挫败、绝望、无奈，但也有种"悲壮"，因为他正在为自己而活。为自己而活绝不是放纵、任性、自我沉溺，而是在大规则下尽可能让符合自己心意的状态多一些、再多一些。

每个人总在照顾外界与照顾自己之间寻求平衡，不应绝对化，也没法绝对化。本质上，人总有一死，这就是最大规则，但你不会因为这个规则而放弃生活。人都在绝对无意义中寻找意义，都在绝对规则下寻觅自由。

所以，别怕孩子自主选择。实际上，自主选择往往意味着孩子有着坚定、强大的内心。即使他们做出了不同寻常的选择，他们也将从中体会到生活别样的精彩与意义。

但是，这并不妨碍你要去"干涉"孩子，你完全可以告诉孩子你的想法、计划和打算。你也可以告诉孩子你希望他过怎样的生活，希望他变成什么样子，希望他能满足你的愿望。你甚至可以恐吓、攀比、吓唬、控制孩子——因为这些都是你的需求。孩子也许会如你所愿，不过我相信，他们更喜欢不去满足你，除非被你激发出更大的恐惧和愧疚。

如果有这么一天，我希望你尊重这个和你一样的生命，尊重他的选择，即便他现在并不知道将来会成为怎样的一个人。你要给他机会去"试错"，允许他在自己选择的路上摸爬滚打，给他时间和耐心，允许他为了抵达梦想历经挫败。

世上没有捷径，孩子必须自己去经历他的人生之旅，父母根本无法替代，也无法拿着自己的经验来让他"避大坑"。唯有亲身经历过的才是自己的，才会变成独一无二的经验，而听说的、被灌输的，往往是"知易行难"的虚幻认知。

## 第四章　被延续的创伤

　　本章节我会讲述两个部分，一个是"内疚感"，这是关系中最折磨人的一种情绪体验，内疚感藏着你内心的众多爱恨，特别在亲子关系中比比皆是，甚至，我以为父母与孩子的关系链接正是通过对彼此的"内疚感"建立起来的；另一个是创伤传递，上一代的创伤延续到了下一代，这是很悲哀的传承，我们希望打破这个恶性传承。

——冰千里

第一部分　理解孩子，理解自己

## 亲子关系中的内疚感

在过去的这些年里，我听到最多的情绪就是"内疚"，几乎存在于每个人的每节咨询中，它不像"悲伤""恐惧""愤怒"那么明显，而是一种复杂的心理冲突。内疚表现在纠结的心事、微妙的表情和自我责备的言语中，甚至压抑在潜意识里。有人不堪其扰，会无助地默念"老天爷，如果有魔法，我会先把内疚消除"。同样，在亲子关系中，最大的内耗也来自"内疚感"，无论对你，还是对孩子。尽管内疚的本质源于爱，有爱才会觉得哪里做得不好，才产生内疚。但不可否认，内疚感会让人心力憔悴，十分内耗。

首先，我们先了解一下个体健康人格的成熟过程：

**绝对依赖——相对依赖——分离——独立**

其中任何一个过程受阻，都有可能影响下一过程的发展。而我们在第一章中提及的叛逆，便发生在分离阶段。分离阶段主要出现在青春期（10—20岁），在这一时期，孩子会通过种种方式与原生家庭分离，走向世界，最终完成成人礼：人格独立。在前文的分享后，相信越来越多的父母能意识到叛逆的积极意义。然而，孩子叛逆背后总藏着另一种情绪，往往被父母忽略，那就是"内疚感"。

事实上，内疚与叛逆就是硬币的正反面，一直存在，且会悄悄控制孩子，让他们更加纠结、冲突。许多少年给我留言道，他们痛恨自己，一方面不愿忍受父母给的一切，一方面又压着怒火，担心释放会伤害父母，这让他们很内疚。

内疚感几乎伴生于关系，因为在一段关系中，双方很难做到彼此心中的完美。从这个角度看，内疚感并不坏，它是关系中的糟糕体验的缓冲，当自己做得不好时，内疚感极可能跑出来承担责任。

但是困扰孩子的，可能是**"过度内疚"**。这指的是孩子被内疚情绪淹没，慢慢发展成罪恶感，从而全盘否定自己这个人，认定外在一切的不如意都是自己造成的。这种内疚感的打击是巨大的，因为所有攻击都转向了自身，孩子恨不能毁灭自己去弥补一切。当这种内疚感无法消散，随之而来的可能是深深的抑郁。

孩子的过度内疚主要来源于以下三个方面：

**第一，父母的期待过高。**

"我爱我期待中的那个孩子，并不爱眼前这个孩子"，请身为父母的读者们细品这句话，扪心自问——你对这个孩子的爱究竟有多少？还记得教他学走路的情景吗？每当他摔倒，你总把他抱在怀里说："没事的，宝贝，不急，咱们再试一次。"现在呢？当他再次跌倒，比如成绩退步、表现出逆反心理，也许你早忘了他学走路时的样子，有的只是催促、指责、嫌弃。学走路被你抱着时，孩子感受到的是"温暖有力"，他不会觉得脆弱，因为脆弱被妈妈呵护了；现在，他的感受则是"懊恼与羞愧"，他会觉得很脆弱，因为脆弱的暴露被妈妈评判了。

总有父母会忘记曾经和睦的亲子情景，反而记得不愉悦的情景，并由此被欲望裹挟而焦虑。为了化解焦虑，他们便将"高期待"投注给孩子。然而，期待越高，孩子的内疚感可能越强。如果孩子在家中都无法获得接纳，那他很难不否定自我，被内疚感淹没。

**第二，父母的牺牲型养育。**

父母的牺牲型养育主要表现在两个部分：1.不断传递"一切都是为孩子好"；2.总在孩子面前展现负面情绪。对一个人好不好，并不是自己说了算，而是要询问对方的感受。让他吃肉是为他好、让他学英语是为他好、让他九点睡是为他好、不让他玩游戏是为他好……然而这一切的"为他好"，或许是在为自己的自私开脱。

很多孩子坦言："我觉得我应该照顾妈妈，她太不容易了。"每当听到这句话，我都不寒而栗，脑海中浮现这样的画面：孩子像个大人一样站在旁边，却手足无措，而他的妈妈正在哭泣。孩子敏感地觉察到父母的负面情绪，并加以照顾来履行孝顺的天职。长此以往，他们采用的策略可能是一味地顺从和听话，以抚平因父母的负面情绪给他们带来的内疚感与不安。

**第三，父母过度讨好孩子。**

你是否有过这种感受：被人不计报酬地对待，对你各种好，你什么都不用做，他们不要你任何付出，只要对你好。被这样对待时间一长，你就会感到亏欠他，会不自觉想去

第一部分　理解孩子，理解自己

"报答他"，孩子尤其如此。如果父母习惯于过度讨好孩子，他们可能会产生"对父母有所亏欠"的内疚感，从而对自己产生过高的要求，想让自己变得更优秀来报答父母。

父母不是孩子身上长出来的手，每个人都有为自己情绪负责的权利，只要不是过于打压和忽视，没必要刻意讨好。实际上，过度讨好往往是对早年控制孩子的补偿，或者是自己幼时被控制的投射性补偿。如此看来，过度讨好孩子的父母就可能走了两个极端，无论是在早年还是现在，都没能好好地对待孩子，而是将其作为自己缓解愧疚的工具。但有些矛盾的是，当孩子开始叛逆，具体表现可能为辍学、对抗、生病、上网成瘾等时，父母又需要用对待四五岁孩子的方式去对待他。

独立的前提是依赖，若父母没能给孩子足够的依赖，无论孩子多大，他都会向父母寻求慰藉，以弥补那一部分的缺失。我见过太多成年人仍表现得像个孩子，他们无法离开父母生活，因为他们早年没有真正做过孩子。这个"度"的把握会让每一个父母都焦头烂额，但这又是必经之路，在爱的基础上，没有捷径。

青春期的内疚源自叛逆需要，而叛逆是一个人在成长过程中难以避免的一部分。若一个人不在青春期叛逆，就会在中年期、老年期叛逆。叛逆的本质是"背叛父母"，就算早年没有创伤的孩子，到了青春期也会有这种背叛的感觉，这也是难以避免的。因为过自己的人生就意味着与父母分离，而在潜意识中，这个分离往往被解读为背叛。所以任何不允许孩子背叛的父母，在潜意识里都是"不愿与孩子分离"，也就是说，是你无法离开孩子，一旦离开他，你会陷入巨大的空虚和无意义感中。

此外，孩子过度内疚的外在表现主要有：

**突然懂事**。孩子一夜之间突然长大，父母说什么便是什么，这样的突然懂事让你觉得不自在，不像健康分离[1]那样欣慰踏实。这可能是"假性独立"，此刻，孩子正在用这样的方式照顾你，其背后的动力可能源自内疚感。牺牲型养育环境通常容易让孩子"很懂事"，这种懂事是为了照顾父母，因为孩子觉得"自己给父母添了很多麻烦""因为自己，

---

[1] 即孩子有了足够的安全感，于依赖关系中发生的一种自然分离，能够走向独立。

父母才会那么艰难",于是,孩子通过懂事、听话、独立、坚强,来照顾父母,缓解愧疚感。

**冲突之后的讨好。**每次在争吵过后,孩子如果变得很乖、很听话,或者默默流泪,或者高情商地"哄你",可能也是内疚的表达。这样的情况下,无论父母在争吵时是否有接住孩子的攻击,孩子事后的内疚都很难停止。如果父母接住了攻击,孩子会用"不好意思"来表现内疚,但对自身是满意的,对父母也是满意的,这是建设性的内疚感。建设性的内疚感对孩子是有利的,因为它既释放了攻击性,又被父母化解了。

相反,如果父母压制了孩子的攻击,在争吵中占得上风,此时孩子的内疚可能发展为"自我攻击",是对自己的恨,也是对父母的恨,这就是破坏性的内疚感。破坏性的内疚感往往属于过度内疚。

我们可以通过下面这个例子来进一步了解建设性的内疚感和破坏性的内疚感。秋秋和小明都正值青春期,会莫名发火,会因为一点小事就无厘头地与父母发生争吵。当秋秋冲父母发火时,父母也会反驳,但态度是温和的,就事论事的,有时也会争辩几句,有时会沉默不语,等秋秋脾气发完了，他们就各忙各的，此时，秋秋总会跑过来哄父母，给父母道歉，说自己刚才没控制好情绪——这就是建设性的内疚感，是一种正常的内疚感。

而小明发火时，他的爸爸比他脾气还大，骂他白眼狼，让他有本事就滚出去别回来了。妈妈则总是抹眼泪，唉声叹气，称都是自己不好，没有带好小明。此时的小明更加愤怒了，跑到自己房间，不一会儿，他开始狠狠扇自己耳光，觉得自己不是人，居然骂从小把他养大的父母，他羞愧难当，无地自容！——这就是破坏性的内疚感，是一种过度的内疚感。

你会发现，孩子的内疚是否具有破坏性、是否过度，很大程度上取决于父母与孩子发生冲突时的态度。父母一定要清楚，家庭冲突没有输赢，只有是否真的在意对方的感受。

**欲言又止**。孩子青春期时的敏感总会让他欲言又止，因为在他心中有两个对立的声音：一个说"我需要你的帮助"，另一个说"需要你帮助是可耻的"。他觉得应该像个英雄那样自己把问题搞定，但有时这的确很难做到。这种两难的处境让孩子在表达负面情绪时显得小心翼翼，目的在于试探对方（往往是父母）是否安全。一旦不安全，他就会立马内疚,甚至在试探之前就已经感到内疚了。请不要小看孩子在父母面前的欲言又止,甚至他会用一种无所谓或者不满的态度表达痛苦。此刻,父母要认真对待,让孩子能够暴露困扰自己已久的脆弱,而不必冒着内疚的风险。

父母可以用以下两种态度面对孩子的叛逆与内疚:

**倾听**。倾听在很大程度上能够化解孩子的内疚感,因为这向孩子暗示了"你可以说"。倾听不仅需要用耳朵,更需要用心。你甚至不需要提供具体的安慰,只需要发出一些语气词,来表明你在听并鼓励他多说,比如"嗯""是的""这样啊""的确如此""然后呢"等。总之,孩子的倾诉大概率是为了让父母允许,允许他可以纠结,允许他可以难过,允许他对自己不满而不用愧疚。

**传递"你不需要他"的信号**。既然知道内疚的本质是分离,那么就必须传递"你不需要他"的信号。做到这个很难,因为我们都明白,实际上你需要他。但要区分的是,你是需要他这个人,还是需要他变得更好,若是后者,他必然会感到内疚。

告诉你两个小窍门：

**1. 把你的期待和他的选择一起告诉他。** 比如"妈妈想让你考北大，但这是我的需要，你完全可以自行决定"，这个表达反映了两点：第一，决定权在你，你可以选择满足妈妈，也可以选择不满足妈妈；第二，妈妈明白自己的需要，并能为需要不被满足而负责，不要你替她承担。

**2. 告诉他，你有可为也有可不为。** 比如"我和你爸能做的就是给你提供安全的家庭氛围，学习上的事要靠你自己"，这个表达很有力量，立马明晰了界限，并非常清楚地告诉孩子：每个人都有可不为，谁都不必因为对方内疚。看起来，这样认真的谈话会让孩子（和你自己）有点失望、失落，但孩子潜意识里是满足的。因为作为父母，你已经给了他最珍贵的品质：**为自己的人生负责，不用为他人负责、内疚，哪怕是你的父母。**

父母会对孩子有期待、有需求，但这个期待和需求是否被满足，要由孩子自己说了算！否则不就变成各种以爱为名的控制了吗？"学会不对父母的情绪负责"是孩子不产生过度内疚的底色。这并不代表对孩子完全放手，而是父母在孩子的分离阶段需要恰当表达宽容。"不需要孩子一定优秀""不需要孩子完美达到要求",通过传递这些"不需要"的信号,能够减少孩子陷入内疚感的可能性。

## 内疚与代际传递

在教养孩子的过程中,父母可能也会被内疚感所困。我的来访者多数是"母亲"。在她们对亲子关系的困惑中,有个共同点:**容易对孩子产生内疚感**。如果一个家庭有两个以上的孩子,父母对第一个孩子的内疚感会更加明显。这很大程度上来源于自身的创伤经历。精神分析理论认为,创伤的主要来源是"早年被对待的方式"。

即便没有经过心灵成长与心理咨询,个体也能够拥有"三次自我疗愈机会":

**第一个机会,是青春期**。如果在这个时期,你的父母能够容纳叛逆,那么这意味着他们给你足够的空间,允许你扭转童年创伤。许多养育者在青春期时没有得到这样的机会成长,他们不知晓这对一个生命而言其实是一次机会,因此在面对自己孩子的青春期叛逆时,他们会更加打压孩子,从而加重了孩子的童年创伤。

**第二个机会，是恋爱与婚姻**。有人能够被爱人疗愈，他们按照与伤害他们的父母相反的原型去选择恋爱对象，这样的爱人的确起到了"替代父母"的作用。在经过漫长的磨合与酝酿后，他们成功被疗愈。但对于大多数深受童年创伤的人来说，他们很难信任他人之爱。因此，在恋爱中，"看走眼"时有发生。我们可能会无意识远离或中断真正对我们好的关系，最终选择了一个继续伤害我们的人。这样的重复令人惋惜，但又难以避免。

**第三次机会，则是养育孩子**。相比较前两个机会，我很难过地发现，几乎每个有过创伤经历的父母，都很容易"抓住"这个机会。他们通过各种无意识的运作，把伤害投射给孩子，试图在潜意识中进行自我疗愈。但这种做法的副作用也很明显，一旦他们意识到这一点，就会对孩子充满内疚与自责。

这种投射十分复杂，用最简单的话语描述，我认为有两大类别：**第一类，创伤的代际传递**。比如，你发誓不再像父母那样控制孩子，但总忍不住去控制，因为你早年遭受的控制已变成了对自己和对他人的"模板效应"。你可能觉得自己不够好，或者对自己很苛刻，认为犯错是可耻的，并对自己有很多标准。这些心理和行为很可能是你潜意识里想要迎合父母的控制，认为只要自己足够好了，父母就会满意。

你也很难不用严厉的要求对待他人，这或许是你的处事风格，是你对关系最基本的设定。你可能没法与一个拖沓、邋遢的人交往，你不能原谅一个对自己没要求的朋友，你难以忍受一个不讲信用的人。你向往那种不拘小节、轻松自信的人，但你做不到，或认为只有严格要求和足够努力才有可能变成那样。

亲密关系中，伴侣是一个与你同样强大的成年人，他已经形成了自己的关系模板与人生阅历，在此基础上，他很难被你控制，很难服从你心中的那套标准。于是短暂的蜜月过后，你们的关系可能陷入无尽的争吵、疏离、嫌弃、冲突之中。这就是第二个机会无法把握的原因。

而孩子则不同，在青春期以前，他几乎完全可控。无论是体型、力量，还是生存技能，他都无法与父母抗衡，因此控制孩子十分简单。他会压抑委屈、愤怒，适应并"喜欢被控制"，这和早年你被父母控制的情形如出一辙。孩子在用讨好顺从的方式迎合控制。而你通过控制，获得了"对父母复仇式的满足"——这就是创伤的代际传递。

以上，我是用"控制的关系模板"举例子，而忽视、虐待等关系模板也是相同的原理。因此，你投射给孩子的正是你早年的创伤。当然，现实绝非如此简单，通常而言，代际传递的是"复合创伤"。比如，你在某些时候会严厉控制孩子，在某些时候会忽视孩子，在他真正需要你的时候不在场，一旦在场又会苛刻对待他。甚至当你情绪失控时，会有打骂乃至羞辱、威胁、抛弃等"虐待行为"。

**第二类，矫枉过正**。这一类更常见。还是用"控制的关系模板"举例子：若你是被控制长大的，大概率会对任何控制、捆绑、评判十分敏感和厌恶。你会放大被控制的体验，会逃离任何控制的关系。你的潜意识期待孩子不要再像你一样怯懦软弱，期待孩子反抗，甚至对抗权威。当孩子不听老师的话、上课迟到、调皮捣蛋、欺负其他小朋友的时候，尽管表面上你会批评教育孩子，但内心深处却是满意的。因为你小的时候从来不敢这样，在投射作用下，孩子活出了你活

第一部分　理解孩子，理解自己

不出的样子，准确地说，"孩子活出了你期待的样子"。

此类父母十分纠结，分不清究竟如何教育才是"真的正确"，对孩子稍有批评就内疚不已。尽管你只是声音高了些，尽管孩子的确惹你生气，但你的态度会被无限放大，认为自己带给了孩子"巨大伤害"。继而，你可能会感到极度自责，认为自己是一个彻头彻尾失败的父母，甚至变成了自己最讨厌的模样，变成了你父母那样的"暴君"。而你的孩子在那一刻变成了童年的你——唯有强烈自责与惩罚才能缓解对孩子的巨大内疚。

正如以上所展现的，代际传递正以矫枉过正的形式继续传递：包容变成了纵容、放手变成了放弃、疼爱变成了溺爱、自由变成了任性、独立变成了反叛。在这样的传承下，孩子往往会变得更加冲突、矛盾，即"自我认同障碍"。他不确定究竟怎样做才是自己，一旦父母给他无限自由，而学校规则又相当严苛，他不知道哪个自己会被喜欢。

以下五点建议或许能够帮助父母缓解对孩子的内疚感：

**第一，植入"不存在无条件接纳"这一原则**。很多人会告诉父母要"无条件接纳孩子"，你也深信不疑，随时用这

099

话来指导自己。但我要遗憾地告诉你，不存在"无条件接纳"。否则，孩子就不会有那么多问题，你也不会有那么多痛苦和纠结了。逼着自己无条件接纳，正是因为你做不到，所以你总在无条件接纳一段时间后绷不住大吵一场，继而更愧疚，以致前功尽弃。

所以要清晰，父母对孩子的爱几乎是"有条件的"。比如孩子厌学、逃课、网络成瘾、辍学、生病，你会说"只要孩子快乐健康就好，考多少分都无所谓"，当你出现这个想法，要深知自己的无奈。因为在你内心深处或许依然希望孩子去上学、去考好学校，只是迫于无奈，你不得不退其次而求之。即便这是你内心的真实想法，也还是有条件的，条件就是他要快乐健康，要是不快乐、不健康，你就接受不了。这就是事实，父母无须逃避。有条件的爱是亲子关系的底色，"我对你好是为了让你听我的"也十分真实，越知道你对孩子的条件是什么，内疚感也就越少。

**第二，不带报复心地对峙**。温尼科特曾说过："青少年的成长需要踏着父母的尸体走过去。"[1]他又说："父母必须直面他们的攻击，需要父母在场，需要对峙让他们了解现实，但这是不带有复仇之心的，这个过程也不一定是温文尔雅的。"[2]不得不说，做到这一点相当艰难，但对父母来说，这几乎不得不做。

父母需要"应战"，并且是一场"持久战"。根据我接触的案例来看，这场战争少则持续半年，多则两三年，甚至长达十年以上。时间长短取决于累积的怨恨多少，更取决于今天父母的态度。事实证明，这个阶段求助于心理咨询的父母，战争结束得会比较早，那些依然没有觉知的父母，时间则拖得更久。许多孩子到了四五十岁还在与七八十岁的父母"耗着"，这一点都不新鲜。

**第三，认可孩子的同时不贬低自己**。认可孩子在为自己的权利而战，直面挑战，而非逃避、敷衍。如果父母的态度是"我错了，都怪我不好，以前不该那么对你，现在我都听

---

[1] [英]D. W. 温尼科特.家是我们开始的地方[M].陈迎, 译.北京：世界图书出版公司，2019:168.

[2] [英]D. W. 温尼科特.家是我们开始的地方[M].陈迎, 译.北京：世界图书出版公司，2019:176.

你的，我改"，这看起来是在道歉和忏悔，但事实上是"缴械投降"。缴械投降，很容易把内疚感传递给孩子——父母在孩子面前承认错误能够减少自身的内疚，事实上却是把内疚转移到孩子身上，让他觉得伤害了你，不再敢表达反抗。孩子发起的人格革命，绝不是要父母投降，而是要与他交战。但这种交战必须是不带报复心的，否则可能成为镇压。

如何不带报复心？简单来说，就是"我维护你，也维护我自己，但我维护自己不需要你来满足"。如上面的例子，孩子和你闹，你就道歉，就一切顺着他来，这就是很隐晦的报复心，你是在用一种自我贬低的方式报复孩子的反抗。正确的做法可以参考："是的，你是对的，我尊重你的选择，但我有自己的想法，你也可以不予理睬。"——这便是"应战"。

你既尊重了孩子，又维护了自己，这样，孩子才可以放心大胆地"碾压"父母，同时你是有力量的，他无须任何内疚。或许，站在孩子角度，父母怎么做都是控制；但站在你的立场，你的确是爱孩子的——这个并非悖论，只是立场问题，是可以并存的。这是两个独立人格之间的战争，你并没有错，如此，内疚感会大大缓解。

**第四，不要苦大仇深地道歉**。父母对自己过去的不接纳需要自身来消化，而非传递给孩子。我有时与儿子发生争执，事后会觉察到内疚，为了缓解内疚感，我会去拍拍他的肩，笑着说"刚刚我做得有些欠妥"，接着离开。整个道歉过程是轻松的，此刻我发现儿子也会很轻松，过些时候，我们就会重归于好——类似这样的互动细节很重要。

相反，如果我很认真地、严肃地、语重心长地，甚至痛哭流涕、充满委屈地和儿子道歉，这会让他即刻陷入内疚感和罪恶感，即"我把内疚感转移给了孩子，我好受了，他难受了"。当孩子陷入负面情绪时，父母随即展现自己更加负面的状态并非合适的做法，你要更坚定、稳重，甚至更放松，孩子才能够从负面情绪中走出来。

**第五，你的崩溃必须有人承载**。那么，父母的委屈、无力、愤怒、崩溃、内疚感该如何处理呢？答案十分简单：寻找并利用你个人的资源，比如伴侣、好友等。

特别要与伴侣建立统一战线，这也是孩子的动机之一，希望父母关系为他而变得融洽，而非互相指责。若实在没人懂又羞于启齿，或觉得家丑不可外扬、觉得依赖别人很丢人，那也可以考虑进行心理咨询，在保密的同时疏导情绪。

事实上，在孩子的崩溃期、叛逆期，最需要求助的人是你本人，而不是孩子，因为孩子能够依赖父母，而父母的负面情绪却无从发泄。但太多父母往往看不透这点，总逼着孩子做心理疏导，这也是导致战争变持久的重要因素。

值得一提的是，缓解内疚并不能彻底消除内疚，因为内疚感所带来的后果好坏参半——并非所有的内疚感都会令人困扰。有时，父母对孩子的内疚感能导致深度思考，成为心灵成长的一部分，包括但不限于以下：

**第一，关系与亲密**。"对不起某人"的内疚，很可能引发对关系的思考：与孩子的关系怎么会这样？昨晚经历了什么？孩子当时什么表现？为何吵起来了？通过什么方式争吵？该如何承担错误？又该如何补偿孩子？伴侣当时在做什么……

**第二，过往与将来**。内疚引发的思考绝不限于争吵发生的时刻，还包括孩子的曾经、你的曾经、你们这个小家庭的曾经、以后该怎么办、你该改变些什么，等等。"世上没有后悔药卖"指的是过往的冲动不可重来，但这却为以后提供了经验，良好的反思指导你今后不要重蹈覆辙，至少在一段时期内必须克制。

**第三，道德标准**。内疚感可能会使你反思自身道德标准的来源，如孩子的哪个点触动了你？为何不能容忍？为何不允许自己犯错？为何不允许打孩子？大家为何这么想？多数人的想法就是对的吗？原生家庭中，你父母曾经的要求是对的吗？

**第四，需求与接纳**。内疚感促使你思考自己的期待与需求：它们是什么？哪些被满足、哪些还不够？哪些不但没被满足还无处言说？你被好好对待了吗？你的辛酸与无奈是什么？当没人关心的时候，难道你不该心疼自己吗？

希望在了解内疚感的意义后，我们可以有意识地去养成深度思考的习惯，尝试去思考发生在我们身边的某种现象、某种情绪，以及与我们相关的某种关系背后传递的心声，并尝试厘清"你与自己的关系"。

## 让家庭不再延续伤害

正如上节所说，创伤的代际传递可能会让父母对孩子产生内疚与自责。下面，我将用一个例子来具体说明什么是

"代际传递",并把重点放在"自我认知"与"亲密关系模式"这两个影响最大的方向上。

一位女士A的原生家庭是这样的:

A的父母相当重男轻女,对A和A的姐妹们非打即骂,经常虐待、侮辱、嘲讽,甚至连书都不让读,对A的哥哥、弟弟则视若珍宝,在日常中传递"女孩很低贱卑微""男孩很高贵权威"的观念。

父亲是家中当之无愧的主人,对母亲呼来唤去、时常责罚。父亲是暴虐之人,母亲性格软弱,对父亲言听计从,各种迎合、取悦和讨好,属于典型的"男尊女卑"夫妻类型。

A女士成年以后的婚姻家庭是这样的:

A女士与一位性格软弱、胆小又爱惹事的男性结了婚。在婚姻中,A女士具有绝对权威,处处打压、贬低丈夫,丈夫也各种反抗,于是双方冲突不断,暴力与冷漠充斥着家庭。

A女士性格刚烈又偏执,经常感到委屈,对孩子们抱怨自己的苦难,埋怨丈夫的种种不是;A女士形成了内在脆弱无助,外在坚强苛刻的个性。

A女士让孩子们全部站在她这一边,压制和边缘化他们的父亲。她很爱儿子,却也经常打骂和贬低儿子,还曾把儿子送走寄养过几年。她对女儿的控制欲很强,又非常依赖,对此,A女士也很难过、自责。

A女士的姐姐找了一个暴力的丈夫,再现了其父母关系。如今,A女士的孩子们也结婚生子了,但都不幸福,女儿离婚,带着两岁的孩子独自生活;儿子找了个特别强势的妻子,变得像他父亲一样怯懦,再现了A女士与丈夫的婚姻模式。

A女士的情况大致如此,但是现实的"代际传递"更为纷乱、复杂且隐晦,绝非我上文描述的那样单纯。

接下来,我将告诉你"代际传递"的三个关键因素。

**第一，认同与反认同**。"认同"，最简单的理解就是"我想成为他那样"甚至"我就是他"；"反认同"，则是"我不想成为他那样"甚至"毁灭他"。

以上的例子中，A女士反认同了暴虐的父亲，所以找了与父亲性格完全相反的丈夫；同样反认同了不作为的母亲，于是她变成了与母亲性格完全相反的人，比如强势、控制、刚烈。同时，A女士的婚姻与她父母的婚姻截然相反，把"男尊女卑"扭转为"女尊男卑"。而A女士姐姐的婚姻则继续了"男尊女卑"的模式；A女士儿子的婚姻却又延续了"女尊男卑"的模式。我们能够看到，因为认同，代际传递强迫人们重复了那些令人伤心的关系模式，并在生活中无意识地重复体验那些苦涩的创伤。

**第二，投射**。关于"投射"，最简单的理解是"我不喜欢你成为他的样子"，其本质在于我不接受，所以我也不让你接受。

A女士把自己的童年创伤投射给了孩子们，让孩子们被迫认同自己，于是A女士的儿子既讨厌又喜欢这种强势的女性，并找了一个这样的妻子，与象征性的妈妈一起生活；A女士的女儿则因太强势、控制造成了婚姻的破裂。是的，有问题的夫妻关系一定会投射给孩子，这毫无疑问。最常见的莫过于父亲缺失，母亲和孩子太紧密，从而把不幸的认知投射给孩子，潜意识希望孩子活出自己活不出来的样子，于是孩子就不再是孩子，而是母亲延续投射的工具，譬如替她出人头地、替她报复、替她嫉妒，诸如此类。

这样的"亲子关系投射"比比皆是，例如，穷怕了就会刻意让孩子大手笔消费、被忽视就会溺爱孩子、被虐待就会虐待孩子或对孩子好到窒息、被束缚就会无限制地给孩子自由……投射是因为认同，而认同又会强化投射，源源不断无休止。

**第三，反转。**关于"反转"，这里指的是：我要努力改善曾经不好的体验。

比如A女士的婚姻虽然痛苦，但其潜意识却是享受的，因为她一次又一次把丈夫踩在脚下。她报复了男性，反转了当年被父亲踩在脚下的体验，并通过驯化儿子和溺爱女儿再次实现了这一点。

"反转"的最大特点就是"重复之中的逆袭"，只有把自己再次置于类似境地，逆袭的效果才更容易得到心理上的满足。比如当A女士的丈夫反抗、激惹、攻击A女士，让A女士体验到当年被父亲虐待的感受时，A女士用自己的勃然大怒去逆袭、去战胜丈夫，才会更加过瘾；若丈夫一直老实巴交、逆来顺受，A女士的复仇感是得不到充分满足的。所以每次在争吵中获胜的过程，对她来说都是反转，没有争吵就没有获胜，争吵是媒介，也是代价。

一个有过创伤的人，会不惜以痛苦和破坏关系为代价，也要揭开伤口再次缝合，这便是代际传递带来的最大悲哀。

现实中的"反转"比比皆是：譬如被虐待，就很可能激惹对方打你，然后才有机会反抗；譬如被抛弃，就会经常把关系搞得分分合合，才有机会从被抛弃的边缘拉回自己。

有觉察的反转过程就是疗愈过程。A女士在小时候很难获得力量对抗伤害，现在有力量了，就可以通过指责、虐待丈夫和孩子来获得象征性满足。反转本身就是获益，而代价是牺牲当下关系。

那么，我们该如何应对代际传递？

**第一，觉知**。首先你要知道在重复什么，以及为什么重复。如果对此一无所知，那你很可能不断陷入痛苦。就像A女士可能会一辈子觉得委屈、觉得嫁错了人，也会因为对自己和他人要求太苛刻而无法享受生活，因为在她看来，或许一切都不够好，都是残缺的、需要改进的。

相反，如果A女士"突然觉知"，情况就有机会改变。当她知道了痛苦根源是在代际传递上一代的恩怨，自己就无须承担过错。她会想，也许父亲的虐待行为并不是针对她，而是对自己母亲的恨的投射，她只不过是个投射物；同时也会看见"真实的丈夫"，而不是"一个恶意的男性"。这样一来，夫妻关系会变得真实，就算吵架也变得真实，而非象征性报复。

"觉知"恰恰是在"反转"中产生的，换句话说，只有一次次重复那些糟糕体验之后，觉知才能够苏醒。这如同每次吵架之后的反思，也许数十年的反思才会让你在某个夜晚突然觉醒。当觉知成为思维习惯，代际传递则会容易破除。

**第二，叛逆**。觉醒之后的叛逆，是扭转代际传递的法宝。一个家族必须要有一个人"叛逆"，我称之为"出走者"。就好像整个家族选择了你，让你背上行囊，走向心灵的远方，若干年后，你再次回归，然后反转家族的颓势，重振旗鼓。事实上，一旦觉知就必定叛逆，只是代价太大，很多叛逆被扼杀在了摇篮中。

叛逆往往开始于孩子的问题。你最怕的事出现在你的孩子身上，比如孩子被霸凌、孩子辍学、孩子和你水火不容——糟糕的亲子关系唤醒了你的觉知。于是，你开始允许自己叛逆，比如表达对父母的恨、不再忍气吞声、反抗他人束缚，等等，你开始在家庭中争取权利，开始对伴侣说"不"，开始反抗老板，开始让自己放下道德评判，去爱、去绽放。

出走者的叛逆之所以夭折，是因为撼动了他人利益，比如伴侣会觉得你不再好对付、领导会觉得你不再好管束、父母会觉得你不再懂事乖巧。于是，他们开始或明或暗地压制你，让你没法成长——比如在金钱上限制你，在情感上威胁你，开始对你冷暴力、疏离、贬低……

这并不代表你的叛逆是错误行为，相反，恰恰是你成长的证明。你只不过维护了自己，而自我维护打破了对方的掌控，以致被视为眼中钉、肉中刺。此时的你，最需要支持和陪伴。很多人因此开始选择接受心理咨询、学习心理学知识、参加成长团体，开始寻求支持，好让叛逆之路不再孤单。

叛逆是对过去那个自己的背叛，是砸碎那个怯懦的、卑微的、乖巧懂事的自己。过去有多顺从，现在就有多叛逆，直到背叛被允许之后，你会慢慢取得某种平衡，这就是所谓的"整合"。

**第三，经历**。世上没有白走的路，也没有平白无故的遇见。潜意识就像个内在小孩，引领你去到该去的地方，然后去疗愈受伤的自我。

有些人的出现只是为了给你上一课，甚至这个人就是你的伴侣或孩子。你在你们的关系中纠缠、挣扎，以此唤醒觉知。别否定这些人，他们能够让你看清何为重复、何为投射、何为反转。你要把这一切当作生命中的必修课，当作测试与考验，而非无缘无故的爱与恨，然后带着一颗觉知之心，以及叛逆的力量去经历，最终一定会找到自我，淬火重生。

在日常生活中，我会建议你要好好地觉察内疚感，并去安抚那个内疚的自己。不是你做得不够好，而是你已在能力范围内做到了最好。你已足够努力了。你最应该宽恕的是自己，最应该内疚的对象也可能是自己，因为为了生活，你委屈了太多的自我。只有你绽放了，你的关系才会和谐，而探索代际传递也是为了让你对自己的不接纳找到原委，并告诉你"这不是你的错"，从而减少内耗，对自己有更多耐心。

*The Weight of Expectations*

第二部分
"互相理解"是亲密关系里的伪命题

# 第五章　理解的意义

理解别人，

绝不是委屈自己的理由；

理解自己，

也不是伤害他人的借口。

——冰千里

## "互相理解"是最大的谎言

在一段关系中，"互相理解、互相体谅"出现的频率很高，不仅限于亲密关系，有时也出现在一般人际关系中，比如与同事、合作伙伴的关系。但很少有人去思考这话出现时的语境，以及其背后隐藏的感受。我认为**"互相理解"这个词出现的频率越高，就说明你们的关系越濒临破裂，或者你们对彼此很不满意。**

譬如随语境不同，它可能代表以下含义：

**第一，失望与愤怒。**当一个人对你说"咱们能不能互相理解一下"的时候，你可能会明显觉察到他的失望，因为他的潜意识仿佛在说："你并没站在我的角度，对此我很失望。"同时，他又好像在说："你为什么就不能多考虑一下我的感受呢？"这就带有明显的抱怨、愤怒。与此同时，对方或许也不会理解你，不会站在你的角度考虑问题，他的潜台词又像是在说："我不会为你考虑，因为你从不为我着想。"显而易见，接下来便是争吵。因为你们都觉得对方错了。此刻，"互相理解"变成了互相指责、互相攻击的导火索。

**第二，无奈的妥协。**"唉，我们应该互相理解一下的。"无论这话是说出来还是在脑海中盘旋，它很大意义上都代表着妥协与自我安慰。也许潜意识在说"我不该那样对他"，接下来会有点愧疚；也许潜意识在说"别和他计较，他就是那样的人"，接下来就更失望，就不再争吵。你可能并不想真的妥协，但却无奈为之。妥协并不意味你站在了对方的角度，而是当你无法达到被对方认可的目的时，你选择为自己妥协。所谓的"互相理解"变成了妥协的台阶，抑或是潜意识在说"你看，我已经妥协了，你是不是也应该妥协"，这便将妥协变成了某种要挟。

**第三，索取理解。**如果互相理解的言外之意是在传递"求你照顾一下我的感受吧"，那便成了可悲的索取。你在祈求对方施舍，好像没了他的认可就无法生存。索取理解就是索取认可，就是想通过认可来证明自己是对的。这样的索取往往出现在"付出型人格"上，对于这样的人来说，付出代表控制，即"我用付出来掌控关系"。他们的外在表现比较无私，爱出风头，乐于助人，并总让你觉得对他有所亏欠，同时"要感激他、报答他、听他的话"。

**我更倾向于：几乎"付出型人格"的所有付出，在潜意识中都是要回报的。** 最隐晦的回报就是"认可"。我不要你的钱，不要你的行动，只要你"说我好"，只要你"理解我"，这就是他们想要的回报。但认可不是索取来的，而是做好了自己、理解了自己之后自然获得的。其外在表现之一就是你做到了对方想要成为却难以成为的样子，你并非刻意为之，只是做你自己。

举个例子，很多人总被那种敢反抗、敢表达、敢拒绝、有自己独特想法、不被旁人左右的人所吸引。这可能是因为自己想实现却没能做到的，对方做到了，于是打心底里感到认可。当然，嫉妒是最高级别的认可，因为嫉妒意味着你想要成为他的样子而不能，这是潜意识对对方的认可、认同。我特别鼓励你思考付出之后的"回报"，特别是对孩子和父母。

一旦承认付出必须有回报，你就会坦然许多。你可能不再向对方索取理解，就算不被理解，你也不会有那么多怨恨。因为别人被迫报答你、理解你、听你的，和别人自愿报答你、理解你、听你的，存在天壤之别。

那么，人为何总想让别人理解自己呢？**就绝对意义而言，这来自人类的孤独感。**

## 第二部分 "互相理解"是亲密关系里的伪命题

我们每个人都是茫茫宇宙中幻生幻灭间的偶然存在。我们有幸生而为人,成了这颗星球的智慧生物,却又如此渺小无助,最终归于死亡,消散在弥漫的虚空之中,仿佛从未来过。所以每个生命最深处,都存在着无尽的绝对孤独,这样的孤独让我们惶恐不已,必须要做些什么来证明自己活着。

最好的办法就是获得另一个生命之爱,包括关注、认可与理解。正如著名精神分析学家温尼科特所说:"婴儿仰望他的母亲,在母亲眼中看见他自己。"我的一位来访者曾说过这样一句话:"认可就像一块糖,很甜很甜。"依据精神分析的客体关系理论来说,婴儿最开始感受到自己的存在是因为妈妈的认可、关注与理解,在这样的氛围中,孩子开始觉得自己是好的、是存在的、是有价值的。拓展一下,每个人的内心其实都有个孩子,这个孩子需要在关系中时断时续地体验这种感受。因此,每个人的潜意识总在寻找"母亲",寻找同类,寻找懂自己的人,寻找理解自己的、爱自己灵魂的人。对这一点,你完全可以问问自己内心,你是这样的吗?

但我认为,这种终极孤独是不可证明的,爱同样也不能。不过这并不妨碍你去"寻找",因为寻找的过程就是生命的意义所在，那种无意义中的意义。

不幸的是，我依然发现，亲人、爱人之间并不存在真正的互相理解。事实上，每个人都是一个永恒的秘密。**一个人之所以有魅力，正是因为他是不透明的、神秘的，甚至就连他自己都无法理解自身存在，这是生命的本质**。你越清晰这本质，就越尊重他人的独特与神秘，也越接纳自身的独特，就越可能在寻找的路上遇见同类。

人大多有两种截然相反的需求：一种是渴望被人理解，另一种是害怕被人理解。试想，被人完全理解会是多么恐怖的事情，你就像一个透明人，而对方会读心术，能完全感受到你的一切。这样你就失去了隐私与神秘，也就失去了独立的人格，严格意义上说，你在他面前将不再是一个人，你的情感对他而言也会索然无味。

真正的爱与理解应该是这样的：我会努力靠近你，即便你身处黑夜，我也会与你并肩，但我绝不占有你；你永远是你自己，我只是在你身边，我们既亲密，又独立。一旦明白不存在"互相理解"这样的观点，你自然就会尊重他人，不迫使对方屈从你，也不刻意屈从他。

独立人格至少包含**幻想的权力**与**独属于自己的保护层**这

第二部分 "互相理解"是亲密关系里的伪命题

两个部分。幻想是谁也无法进入的空间。事实上，在任何亲密关系中，无论彼此多亲近，都要留有想象空间，那种感觉就像是"我对你的爱一部分来源于你，另一部分来源于我对你的想象"。幻想丰盈了真实，虽然看起来像是隔离了真实。

幻想支撑着你的喜欢。或许事实上，这个人与你的想象不尽相同，甚至相差甚远，但这并不重要。幻想本身就是爱与亲密的一部分。幻想丰盈了关系，别人无权剥夺这情爱中的幻想，更不管是否理解。

**拥有独立人格同样意味着能够发展出独属于自己的保护层。**无论多坚强、真诚，或多忐忑、警觉，抑或性格多外向、内向，都是为了保护自我，保护内心深处隐藏的秘密，保护脆弱的内在小孩不受伤。那么，如果你真想理解对方，那就允许他做自己，尊重他的保护层，而不是取笑或评判他，更不是把他的保护层无情撕毁，让其暴露，那才是最大的原罪。

**理解一个人，就是尊重、呵护他的保护层，而不是一味满足自己的偷窥欲和好奇心。**如果双方都能够做到这一点，能够像守护自己那样守护对方的脆弱，那便是做到"互相理解"。呵护久了,彼此会慢慢卸下保护层,袒露更深一层的自己。不断呵护,不断袒露,如此循环往复……

我想,这就是爱吧。但爱绝不是彼此一层层地袒露脆弱,而是彼此相互靠近的那个"过程"。若足够幸运,你们最终会到达终极孤独那一层,在那里,爱无能为力,你们却紧紧依偎。

## 理解,但不原谅

实际上,"理解一个人"有两层目的:

**第一,为了爱。** 没有最基本的尊重、爱、信任,是不存在理解对方的。"我爱你,所以才愿去理解你。"当然,这个爱不仅是爱情,也可以是对关系的期待与需要。

**第二,为了自己。**"我愿意理解你"对我是有好处的。比如是为了让你认可我、感谢我;比如为了说服我自己,给自己一个继续下去的理由;比如让自己不那么难受和愧疚;比如让你也理解我。生活中,若有人还愿意听你讲话,并去理解你、共情你,说明他对你们的关系存在重视与需求。

"原谅一个人"也有两层含义:

第二部分 "互相理解"是亲密关系里的伪命题

**第一，亲密关系中，收益大过伤害。**无奈且现实地说，或许这就是多数亲密关系的常态。因为每个人都会受到对方不同程度的"伤害"，都会觉得在关系中有点委屈，而这委屈感比起另一些伤害来说，又相对较小。比如你可以忍受对方的指责与挑剔，但无法接受对方抛弃你。面对指责与挑剔，你选择了原谅，因为你实在恐惧被对方抛弃。在亲密关系中，大部分的原谅都是一种委曲求全。

**第二，让自己拥有更多掌控感。**我原谅你，代表我是行使权力的一方，特别是当你请求我原谅你的时候，我们的关系是不平等的。这扭转了之前的另一种不平等，这是权力的转换，给了关系某种平衡。即便这平衡只是当事人心中的错觉，好像在这一刻，"你错了，我对了，并且，我有权决定是否赦免你的罪"。这也代表着"就看你今后的表现了"——在之后的一些日子里，受伤害的一方变成了控制者，变成了道德话语的拥有者。

"不原谅"，也分为两种：

**第一种是"无法原谅"。**我想原谅你，却说服不了自己。我想继续这段关系，但无法对自己有交代。"凭什么原谅"——这里含有很大的憋屈，并产生巨大的冲突。

这个巨大的冲突就是：照顾你，还是照顾我自己，二者只能选其一，进一步可能导致亲密关系的破裂。"无法原谅"是一个极难的抉择，此时，倘若对方向你做出保证，或展现你们的亲密，或激发你的愧疚，或让你念及过去的恩爱网开一面，也许你会再次选择委屈自己，最终还是选择原谅对方。

**另一种就是"不能原谅"**。无论怎么说服自己，无论怎么被说服，你都过不去心中的坎儿。不能原谅代表伤害超过了收益。个人的面子、尊严、人设，以及众人的评判，都已不重要。当伤害程度太深，次数太频繁，这意味着关系必须重组，具体表现为离婚、分居，或者其他形式的分离、改变。

**对亲密关系中的伤害，我十分提倡"理解但不原谅"**。"我理解你，却允许自己不原谅你"是一种高级别的情感态度。"理解"意味着站在对方角度去共情他，"不原谅"则是站在自己角度去共情自己。

比如来自父母的伤害。伴随心灵成长，很多人意识到原生家庭对自己的伤害。父母早年过度控制你、忽视你，你曾以为是理所当然的，你或有苦说不出，或无力反抗，或顺从讨好，甚至意识不到这是一种伤害。如今，当你终于意识到这一点的时候，却发现父母年事已高，你怎能忍心责怪他们？怎敢对父母怀有恨意？每当有怪罪他们的想法，愧疚感便扑面而来，不孝的帽子扣在头上，令你动弹不得。

于是，你会想"他们也不容易啊""那个年代本来就难""父母从未得到过爱，怎会有能力爱我""他们含辛茹苦一辈子，也没过过几天好日子"——这就是"理解"。你在试图理解父母的不易，从而缓解愧疚。

理解父母之后，你的恨意与委屈又该去向哪里呢？这几乎是每个心灵成长之人共有的困惑。可事实上，能做到理解他们就已经足够，虽然这会让你感到为难，但你知道他们为何那样对你，你知道他们的内在多么匮乏。

我不建议你去原谅他们。的确有少数父母从来不会站在孩子角度去考虑，也从来没有爱过孩子，他们以为的爱是"严重变形的投射"。孩子能够理解到这一点就可以了，下一步要做的便是"不原谅"。你总要为自己负责任，不需要再去承担他们的情绪。父母的创伤应该由他们自身负责。如此，你的创伤才会有去处，你总要找到"值得去恨"的人，比如原生家庭。

爱与恨是硬币的正反面，是可以共存的，极端而言，不存在绝对意义的爱，也不存在绝对意义的恨，亲密关系常是爱恨交织的。**允许不原谅，是人格成熟的重要标志，这意味着你从此担起了自己的情绪，不再为父母的情绪买单。**

不原谅父母，并不代表你在现实层面会攻击他们。毕竟，攻击无法让父母承认错误，也不会促成改变。你的创伤来自他们，却形成了你人格的一部分，就算父母现在变得很爱你，给你道歉，也无法改变创伤对你的影响。

不原谅的意义，在于你可以向父母之外的所有关系说不，对一切利用你的关系说不，这是一种内在关系模式，而非外部具体的人。

再比如，伴侣关系。婚姻关系很大程度上是原生家庭的各种变形。也许伴侣正在用父母的模式对待你，也许你正在用父母的模式对待孩子，也许你变成了强势的一方，也许你继续顺从讨好、胆小又内耗。几乎所有人都是从自己的孩童时期出现问题，然后，或在亲子关系、婚姻关系中，重新看见了原生家庭模式，从而走向了心理咨询、心灵成长。**核心家庭是扭转原生家庭最好的现实关系。**

站在伴侣的角度，你能理解他如此对待你的原因，那是他的行为模式，他的内在小孩需要被看见、被接纳、被原谅，但他选择的方式却是通过伤害你来满足这些需求。所以，你理解他，但不需要原谅他。一个人的成长需要找对路径，你做不到无条件接纳他，也没义务照顾他的内在小孩，反之亦然。你们应该互相满足，一味的索取或冷漠、挑剔不应获得原谅。"你可以成长，但不可以伤害我、索取我，因为我不是你的母亲。"

注意，亲子关系则应该反过来。你为孩子做的一切不需要他来回报（你想要获得回报的心理是理所当然的，但对象不应该是孩子）。你的情绪没必要让孩子承载，孩子也有权不满足你的期待，反抗你的控制。否则，孩子很容易变成早年的你，你也会再次变成你父母。

"理解但不原谅"更是一种亲密关系的界限。你是你，我是我，我们是我们。理解，代表在"我们"的基础上看见了独立的"你"；不原谅，代表在"我们"的基础上看见了独立的"我"。

如果边界混淆，或许会出现以下情况：我不理解你，也不原谅你；我不理解你，却原谅你；我理解你，所以你必须要理解我；我原谅你，所以你也要原谅我；我原谅你，所以你就不会再次伤害我。

**一味选择原谅，就是邀请对方伤害你。**过度接纳他人意味着纵容，你在一次次暗示对方可以得寸进尺，乃至对方忍不住再次伤害你。不原谅，需要极大的勇气。你需要面对内在恐惧，丧失惯有的关系模式，面对今后的未知，克服内在的道德评判。比如不原谅伴侣再次施暴，可能意味着：你要面对被报复、被抛弃的危险；要丧失之前维系关系存在的根基；要面临分居、离婚或更加危险的明天；要克服"叛逆"的道德评判。

**不原谅，也代表一种内在信仰的崩塌与重建。**承认自己不被爱，是绝望的，但同时又是充满希望的。告别虚假的爱，真实的爱才有机会诞生。真实的爱也许让你并不习惯，但会慢慢在塌陷的废墟中生根、发芽、绽放。

几乎所有的亲密关系都是双方不断理解、不原谅、沟通、调整、适应；再次不原谅、再次沟通、再次调整、再次适应……这样不断循环往复的过程。这样的过程让旧有模式渐进地、悄然地发生转变。倘若没有这种过程，或有一方拒绝调整，那这段关系便会走向破裂，但为了维护自己，获得真实之爱，哪怕关系真的破裂，也是值得的。

## 第二部分 "互相理解"是亲密关系里的伪命题

关系里永远以自己的感受为主,任何人都替代不了。你为任何人而委屈自己,大部分的结果就是更加委屈。为别人活着可能是一种动力,但迟早有一天,当这个动力被抽离时,你所面临的将会是空空如也的自我。

最后,与不原谅相对应的,就是**永远原谅不够好的自己**。做到了这一点,你就不会祈求别人的赦免;若亲密关系中的双方都能做到这一点,彼此也就不会再用伤害对方的形式获得满足。

亲密关系中,如果你想更多地理解自己,不那么顾及对方的感受,那就要把自己当成一个孩子来对待;反之,如果你想要去理解对方,那就把他当孩子对待。若你们想互相理解,就把彼此看作两个小孩,只是谁比谁更小一点,可以视情况而定。我们总是在不断调整被理解与理解别人之间微妙的平衡。

# 第六章　在忽视中挣扎

最可怕的，

不是现实的忽视，

不是缺吃少喝，

是情感的冷漠、

情绪的贬低，

是感受的排挤与打压。

——冰千里

第二部分 "互相理解"是亲密关系里的伪命题

## 为何你总不被重视？

如果说"理解"是一种基础需要，那么"重视"就属于高级需要。在关系里，被重视会让人感到有价值，而被重视所提供的价值、成就、爱意，能够给予我们人生的动力与意义感。

但你必须朝相反的方向思考，才能更好地探索自我。被重视的反面是被轻视、被忽视。一个特别在意他人是否重视自己的人，背后大概率有过被忽视的经历，比如不被父母重视，或在众多同学中是个可有可无之人。因此，这样的人可能会发展出很多功能来扭转这个局面，实现被重视的需要。

**可能发展出"顺从"**：你是个好孩子，你总能敏锐地觉知父母的心思，然后去迎合他们，从而获得多一点的重视。就在父母摸着你的头，夸你很乖、很有礼貌的时候，这一刻，你得到了某种关注，心里想"以后我还会继续这么乖"。

**可能发展出"用途"**：你在某一方面具备特长，这个特长就是你获得重视的法宝。你也许成绩优异、主动做家务、会安慰父母，这些都是你的"用途"。每当你考高分、帮父母干活、逗父母开心、承担父母悲伤的时候，他们都会比你不做这些时更爱你，你因此而受益，从而固化了这些用途，以此获取重视。

**可能发展出"叛逆"**：这一类的产生往往是因为前两种方式无法起效，或者已经有人采用了，比如姐姐学习比你好、弟弟比你更乖巧、哥哥比你更会照顾父母……你除了做些"不好"的事情之外，好像无计可施。所以你开始尝试逃课、玩游戏、打架等叛逆行为。而后你发现，父母因此更"重视"你，他们会斥责你、打骂你，会带你找心理医生、找老师。当你让父母越无计可施时，他们可能就越在意你，用一种让你抗拒的方式"关心你"。

**可能发展出"生病"**：当以上方式统统不起效时，你可能会变得病怏怏的，比如频繁地肚子疼、感冒、发烧，还会不小心摔倒流血，甚至感到抑郁、惊恐发作。这时，你就有可能得到父母的关注，得到他们临时的爱与照料。

以上四种仅仅是众多"引起关注"的少部分形式，你总会找到一种适合自己的或者混合使用的方式来被看到、被重视。这四种功能让你看起来好像被重视了，其实都属于"忽视"。因为你得到的经验是:"我只有这样做才会被重视,否则他们是看不见我的。"

他们重视的是"你做的事",而不是"你这个人"。这很好理解,比如成绩好会得到重视与赞赏,一旦成绩差就会受到惩罚与冷落,你会敏感觉察到父母的脸色是有差别的。时间久了,你也就这么认为了,心理学将此称为"内化":你把父母重视你的方式变成了自己所默认的做法,你会真以为"只有学习好、做家务、懂事、生病、叛逆……才会被喜欢,反之就是不好的"。

这种内化的对象不限于父母,还会逐渐泛化到其他人身上,比如领导、伴侣、老师等,你的性格也因此被塑造。慢慢地,你也忘了自己本来就很好、本来就值得拥有、本来就无所谓被重视或被轻视,并在现在的亲密关系中继续这些方式,于无形中被不断影响。

**可能成为没主见的人**:没主见的本质就是"迎合"。你会把选择权给别人,认真完成别人交付的事情,通过依赖对方来获得认可与重视。对方也愿意让你去执行他们的意图,并夸奖你。你很少拒绝,也很少提出不同意见,因为你相信,一旦那样做,你就不被喜欢了。没主见的人可能会有较多的"朋友",人们愿意和你相处,因为在你面前更有价值感。你好像一个友情的黏合剂,却很少有知己。因为你专注于获得对方的重视而忽略了自己,一旦连你都忽略了自己,他人又怎会对你在意上心——你得到的只是很浅层的"重视"。

**可能成为讨好的人**:讨好的本质就是"承担他人情绪"。就像小时候照料父母情绪一样,你很会照顾人,能敏感地察觉对方的情绪,并很快做些什么来安慰他,对方就会在意你。你也会主动请缨助人,当对方有需要时,你会第一个冲上去。你不敢拒绝他人的请求,因为对你来说,拒绝代表着你很糟糕,你太怕别人说你不好了。讨好的好处就是"得到了认可",坏处就是压抑了愤怒,但也许连你自己都忽略了自己的真实情绪。

**可能成为界限不清的人**:这样的人会盲目信任别人,会把工作关系、合作关系和情感关系混为一谈,比如刚见面不久就向对方借钱;和上级、下属称兄道弟,在私生活上交集太多;和对方过度暧昧,却没有真正的关系定位。这样的人其实把自己藏在了一切关系中,看起来似乎和谁都有点关系。这样的人前期会得到重视,但越交往越让人觉得无法靠近，因为他们内心深处并不信任别人，也就没法与人深交，根本得不到想要的重视。

想要被他人重视，途径只有一条：自我重视。上面罗列的种种，都属于重视他人却不重视自己。你的逻辑是只有被人重视了，才觉得被重视。事实却是只有先重视自己了，才有可能被别人重视。

不过，你需要认可这些引起他人重视的方式，无论是讨好顺从，还是没边界、没主见、无法拒绝他人……因为这些都是你发展出来的功能，目的在于保护内在小孩不受伤。你潜意识里害怕拒绝别人、不照顾别人、不顺从别人，可能会有危险，对方或许会像你父母那样惩罚你、抛弃你。**认可现有模式就是自我重视的第一步**。在此基础上，其他自我重视的方式才会起效，这些方式是：

**坚定自己的需求**。通常在行为关系背后，都存在着互相满足彼此需求的动力，很少存在没有需求的关系。你要深信这一点，并把它呈现出来，呈现得越清晰，你就越重视自我。比如"帮忙"这件事，你必须搞清楚帮助对方的目的是什么、凭什么对他好、凭什么这么伟大、凭什么不计报酬。只不过要注意的是，背后的需求可能是无形的，也许不是什么金钱，但需求必然存在：可能这个人对你有用，可能你想得到他的认可或报答，可能为了第三方人情，可能将来的他会带来好处，可能为了让他欠你些什么……

总之，你要重视需求。反过来，别人帮你时，你也要想到这份"帮助"背后存在"需求"。并不是人间不存在真情，而是真情也需要某种动机。一旦你坚定了需求，彼此就会心知肚明。甚至某些时候，你要告诉对方你的需求，比如我帮你是为了让你也帮我、我帮你是为了得到你的认可、我帮你是为了让你喜欢我。交流清晰，彼此就不会心存芥蒂，更不会因为没有完全帮上忙而尴尬别扭，毕竟你们都清楚这是一种"需求互换"。当然，越亲密的关系也许越做不到边界清晰，因为其中掺了太多的复杂情感。但这一点会让你在关系里不那么内耗，这一点就是：正视、重视自己真实的需求。

**要重视自我表达的方式**。很多人喜欢以一种状似不经意的态度来诉说重要的事，这样的表达大部分是为了掩饰暴露的羞耻、胆怯与恐惧。这样的表达方式会"诱导"对方不重视你，特别是在公众场合或团体中，对方会觉得你的事真不重要，是可以一笑而过、随意打断的。你对自我表达的不重视很大程度上会引起对方对你的更不重视,因此你需要进行大声的、严肃的、郑重其事的表达。

事实上,这也是一种潜意识行为,除了掩饰羞耻、恐惧之外,很可能就是你日常的模式。日常中,你常常被忽视,于是不习惯大声表达观点和情绪,然而这会让你继续不被重视,回到一种似曾相识的感受里面,这个"似曾相识"很可能就是你早年被对待的方式。

**表达愤怒与拒绝**。你可以表达愤怒、可以拒绝别人——这是自我重视的关键。不敢生气、不敢拒绝也是一种自我保护,其背后是对破坏关系和被报复的担忧,但这的确太累了,你需要轻松一点。表达愤怒和拒绝能够让你感到松弛,因为你遵从了内心最本真的想法。

这是需要刻意练习的,或许你已经在不知不觉中先从觉得安全的人、弱小的人那里开始了。比如很多父母都在对孩子表达压抑的愤怒,却并不知道这是投射,而一旦知晓,就会降低伤害孩子的几率,从而也能更好地理解自己。

这种练习有时候并不需要一个真实的人来作为练习对象。很多人在内心已经向对方多次表达愤怒,如吼叫、唾骂,表面却什么也看不出来,你完全可以这样做。你要允许自己出现这样的想法，而后可以写出来、读出来，也可以对着镜子或空椅子说话，甚至进行想象中的对话，这些都是很好的练习。

要说明一点，你越强迫自己不生气、不拒绝，就越会出现失误。比如你会通过爽约、迟到、遗忘来表达愤怒，会把工作搞砸来报复领导，会把答应对方的事忘得一干二净来表达不满，也会找各种借口来婉拒。当你越有勇气表达愤怒和拒绝，也就不需要通过上面这些失误来婉转表达了。有时哪怕通过"吵架"来表达愤怒与拒绝，也比忍气吞声强很多。

反过来思考，当一个人拒绝你并表达了对你的不满，尽管你很生气，但这大概会让你印象深刻并记住这个人。你或许将不敢轻易去招惹他，将会去思考、掂量对方的话语。这难道不是重视吗？让人敬畏就是最大的重视。

**学会舍弃**。不可否认，一个人有创造力、有成就，往往会被他人重视。有成就的原因众多，比如自身的努力与天赋、丰富的资源与人脉，但"专注"是最重要的因素之一，而专注的前提是舍弃。心里堆着很多事的人，很难腾出空间专注一件事情。那些有所成就的人，几乎都舍弃了那些分散精力的事情，比如生活琐事、无效社交，清空了一切可能的

"干扰"。

我们普通人也是如此,要学会舍弃不舒适的关系。而对于割舍不掉的关系,比如"有毒的父母",就要用一种"低能量"的方式维持联系,不要投注太多情感需要,尽量保持角色链接,这样就不会太内耗。相反,对有共鸣的关系则要投注情感,充分体验关系带来的流动和滋养。

舍掉的无效社交越多,你就越能投入有效的社交,这就是自我重视。"越简单,越美好"并不是浅尝辄止,而是在广度上简单,在深度上纠缠。

## 有人"在意你的在意"吗?

"在意"包含"留意、放在心上、在乎、关注、重视"等一系列态度,而在"亲密关系"中,最重要、最基本的一点,就是"在意彼此的在意"。

我们常说爱一个人就要爱他本身,但"爱他本身"很难考量。你怎么知道他是爱你的钱、爱你的容颜,还是爱你这个人呢?爱一个人本身,必须先包含"爱他爱的东西""在意他在意的东西",也就是所谓的"爱屋及乌"。如果对方也是如此，那么我们就说"你们的关系很亲密"。在意的这个"东西"大致分为两类：一类是外在的东西，诸如金钱、学业、身材、兴趣爱好等；另一类是内在的东西，诸如情绪、价值、恐惧、渴望、信仰等。

当然，一个人在意的东西会变化，但在每个阶段，我们总会有各自关切、在意的事物，比如，你对家庭极为在意，无论外面如何变幻，只要你的小家安稳，那就是你最后的防线，是你活着最主要的意义所在，如果有人伤害你的子女、父母、伴侣，你绝不会轻易放过对方。

简单举个例子，H女士对老公最满意的地方就是"对她有耐心"。H女士缓解压力的方法是逛街购物，也喜欢带老公和孩子一起去。每次逛街，她的老公都很有耐心，总在H女士试衣服时认真地给予反馈。有次，她连续换了7件衣服，自己都有些烦了，老公却安慰道："不急，哪那么容易找到适合的啊，沉住气吧。"此时，就连女店员都羡慕地说："这样的老公真难得，一般男的早就烦了。""他在意我在意的东西，这让很减压，觉得很亲密。作为回报，我会很认真地陪他看球赛，尽管我并不喜欢。"H女士微笑着说。

除此之外，亲密关系中还有可能出现这样的情况：你在

第二部分 "互相理解"是亲密关系里的伪命题

意的东西对方根本不关心,却又经常责怪你不在乎他关心的东西。

若经常如此,你们将不再亲密,你们彼此不会主动分享,你的内心深处会逐渐响起一个声音:"我是不值得被在意、被认可、被欣赏、被爱的。"你看,毁掉一段关系,竟是如此容易。

但是进一步摧毁亲密的往往不是"分享",而是"分担",前者感受不到被爱,而后者将感受到伤害。"分担"的东西一般都是难过的,比如在单位被误会、被好朋友冷落、被领导批评、对孩子生气、对自己的失望,等等。此刻,无论对方多么淡定,都是在向你求助,你必须加以重视,依据对方的情绪反应做出相应支持和理解。反之亦然,当你遇到上述烦心事,肯定也是希望有人与你分担的。我的很多女性来访者都会向我倾诉她们一周来的种种难过、自责、对老公和孩子的失望、对单位的愤怒、对别人的不满。我会很认真地聆听,让她们在诉说的时候充满情感流动,"当我把这些破事完全讲出来,你还不烦,还在意我讲的细节,这感觉真好,好像觉得这些事也没那么烦了。"有位来访者在结束时和我这么说道。

相反，你若认为"这没什么大不了的""真麻烦"，或盲目行动（找对方理论、讲大道理），这都属于"不在意"。对方会慢慢感到"我是不可以难过的、是得不到支持的、是被抛弃的"，久而久之，"恨"的种子便种下了。更有甚者，有的关系中的双方还会互相在伤口上撒盐。

所谓"我最爱的人伤我最深"就是这意思，你总能一针见血地看见对方的软肋，并毫不留情地攻击。这种恶毒的做法是亲密关系中无法逾越的鸿沟！爱一个人的伟大之处，就是呵护他的软肋，反之，一个人最怕的就是自己的软肋被旁人揭穿、嘲讽、羞辱。若你因为自感差劲而变得敏感，而对方却不断让你感到自己的差劲，这对你来说就是最大的伤害，远离这个人才是最佳选择。

每个人的内在小孩都有恐惧之处，都有最在意的情结。你可以看不见、不理解，也可以不爱，但一定别伤害。不被看见、不被理解最多会让人感到孤独，但这也好过被人以此作为要挟、指责的筹码。

很多糟糕的婚姻就在不断重复这个点：或是彼此厌倦，谁也不想在意谁；或是拿对方在意之处互相伤害。比如，你最在意学历，对方却以此挖苦；最喜欢打扮，对方却总泼冷水；最在意厨艺，对方却总嫌难吃；最在意被孤立，对方却对你使用冷暴力；最在意自由，对方却各种限定；最在意诚信，对方却总欺骗你……这里也许有你们潜意识的"合谋"，有彼此原生家庭的影响，有某种投射或强迫重复，但此刻，你就是感到了被伤害，这种伤害实实在在地发生在你身上。

在这种伤害下，拒绝眼前人、切断与对方的亲密联结，就是对自己最大的保护。同理，对方如果攻击你不甚在意的点，你可能不会被伤到。比如，你并不在意钱，对方若笑你贫穷，你是无所谓的；但你在意名声，对方若是诽谤你，你就很容易被激怒。

该如何在意你爱的人的在意呢？

**首先，不主动、不过度在意**。例如，虽然你知道孩子最在意数学，但也别频繁询问他的成绩或给他找辅导老师。在意他的在意是一种爱，过度在意则是打扰、侵入。这个度该怎么分辨？很简单，那就是判断你在意的情绪是否超过了对方。

比如在咨访关系中，来访者向你坦露了一些被虐待的经历，而在他还没有太大反应时，身为咨询师的你却已悲伤满满、义愤填膺。此刻，来访者一边感受到你的支持，一边感到困惑，他并不理解你为何那么生气，更关键的是，他的注意力被迫转到了你的情绪上，根本无暇顾及自身。就算你是对的，他应该感到悲伤、愤怒，但你的情绪也不该如此超前。

在这种情况下，你在意的不是他的在意，而是对自己的在意。

婚姻关系同样如此，许多依赖性人格的人就是太在意对方了，比如当伴侣下班迟了，没能准时到家，就会电话轰炸；当伴侣没有回信息时，就控制不住刨根问底，质问对方为什么不"秒回"；当伴侣出差时，就会开始想象对方出轨的可能性，等等。这样的在意其实并不是在意，而是控制，给人一种"离开你，我就活不了"的感觉，这会让对方窒息，什么事都不愿与你分享，更不会与你分担。我们需要把握"在意的度"，这意味着尊重对方是个独立人格，他需要有属于自己独处的时间和空间。也许你要问了："那这里有什么标准吗？"事实上没有统一标准，因为每一对关系都是独一无二的。但有个点可以供你参考：当对方主动找你沟通的时候，你要在意。那可能是他考虑再三之后的决定。反之

第二部分 "互相理解"是亲密关系里的伪命题

亦然,当你主动找对方的时候,可能意味着"亲爱的,我需要被在意"。

**其次,清晰你本人在意的点**。两个人在意的东西很难完全一样,边界感由此产生。你要清晰你的需要,清晰对方哪里能满足你这种需要,同时也要清晰你哪里能满足对方的需要。做到这一点很难,这种"清晰"是一种能力,是人格成熟的重要标志。要明白,你的在意点只属于你自己,不应投射给他人。

生活中,我们会发现,有些人在热烈交谈,但仔细一听,他们其实根本没有交流,只不过在各说各话,除了随便回应一下对方,多数时间都在谈自己最感兴趣的话题。因此,亲密之人总是互补的,一个说得多,一个听得多,这就无意识契合了彼此需求,从而使关系长久亲密。

我们总希望别人对自己更在意一些,那就必须要探明自己最在意的点。越清楚自己的在意之处,你的掌控感就越高,就越不会投射给别人,不会轻易被伤害到,更不会四处索爱。

**最后,善待自己在意的点**。你对他人的在意永远要小于对自己的在意,对他人的依赖也要小于对自己的依赖,这是

**心灵成长的秘诀之一。**

很多时候，孤独感来自别人没有在意你。但首先，这很正常，因为对方也在成长，也希望自己能够被在意，这难免就会忽略你；其次，不要认同对方对你的忽视，别以为你不值得被在意。请问，如果连你自己都不重视自己了，还能指望谁来重视你呢？

亲密关系中的相处之道，重点在于一个"度"的把握，双方都是在类似在意不在意、重视不重视、忽视不忽视，以及在意多少、不在意多少，什么时候在意、什么时候不在意，我的在意和他的在意相比谁更多一些、少一些……这样的日常互动中反复权衡、妥协，最终找到适合彼此的"亲密模式"的。或许在其中，你不会时刻感到全然的满足和愉悦，但没有太多遗憾和挫败，这就已经是不错的关系了。

# 第七章　如何建立健康的亲密关系

要在你们的依偎里留有余地……

彼此相爱，却不要让爱成为束缚……

给出你的心灵，但不是要交给对方保留……

要站在一起却不能靠得太近：

因为庙堂里的廊柱是分开而立，

而橡树和松柏也不能在彼此的树荫里生长。

——纪伯伦《论婚姻》

## 保持距离

世间最值得追求的美好，莫过于你和一件事物、一个人处在融合而享受的状态。这是一种"忘我""无我"，或者"我中有你，你中有我"的状态。

有时，艺术家会在创作过程中体验到这感觉：他与这幅画、这段曲子、这篇文字融为一体，心流阵阵穿过，他因此废寝忘食，也忘却时间和空间，完全沉浸其中，以致外界都成了背景。

有时，热恋中的情侣也会体验到这感觉：他们完全陶醉，忘了世界，忘了时空，也忘了自己。在这些心流涌动的电波中，不存在"你我"，只存在"我们"，"我们"就是一切。那些瞬间恰如流星闪过长夜，值得余生回味、怀念。

融合状态能从本质上滋养人性，疗愈巨大伤痛。弗洛伊德将这种"自我与世界融为一体的无限感和永恒感"称作"海洋感觉"，而我将此称作"灵魂的相遇"。对于许多人来说，他们可能终其一生都难以体验到理想的融合状态，只能从文艺创作中对其进行想象。

## 第二部分 "互相理解"是亲密关系里的伪命题

恰恰因为这种状态难以抵达,潜意识才无法放弃对其追求。人们会把它化作渴望与幻想,并投射到遇见的人或事之中,从而产生爱恨情仇、求而不得、丧失与别离。当"相遇"发生时,你甘愿失去部分自己,甚至全部自己,因为对你们彼此而言,这样的相遇是滋养享受的,是可遇不可求的。

我得出一个结论:你与任何人所谓的亲密,其实都是你与自己的渴望(投射)在一起,而并非与真实的对方在一起。这些渴望被幻化成了对方的各种特质,比如温暖、善于理解、充满活力、敢作敢当、深情等。一般而言,渴望的来源有两种。

一种是恐惧。恐惧与渴望相反,却在你的经历中真实发生过。你只需把渴望的内容用相反的词汇描述,即可得知恐惧的内容,比如冷漠、无人理解、唯唯诺诺、挑剔、绝情等特质。

恐惧的原型常来自原生家庭。你可能曾遭受过这些令你恐惧的对待方式,或重要客体就是令你恐惧之人。你发誓不要再被这样对待,于是在幻想层面出现了"渴望",渴望一个与恐惧源相反的人出现。

另一种则来自失去。你由于种种因素失去了曾经令你舒适的对待方式，却很想重新拥有，于是产生渴望。被温暖对待过、被好好爱过，即便失去，即便今非昔比，你也难以释怀，于是形成渴望，向外求索。你就仿佛丢了一件极其贵重的宝物，会四处寻觅以求失而复得。

于是，在亲密关系中，这份渴望驱使你去寻找这些特质。最开始，由于渴望太强，你会不自觉地将你遇见的那个人的特质放大。比如，对方仅仅给你买件衣服，就被定义为"关心"；给你夹菜，就被定义为"温暖"；下雨天给你送了把伞，就被定义为"爱情"；闯了次红灯，就被定义为"勇敢"；带你去了趟酒吧，就被定义为"洒脱"。甚至对方都不需要有以上行为，只是通过相貌、谈吐，只是在他人的评论中，只是在所谓的直觉中，就已深深把你吸引。

我们来看一位来访者的经历：

L女士最大的困扰是要不要离婚。"我受够了，他简直就是个没长大的孩子，单纯、幼稚、不求上进！烂泥扶不上墙！"L女士不止一次向我抱怨她的丈夫："如果不是因为

## 第二部分 "互相理解"是亲密关系里的伪命题

孩子，我得和他离八次！"L女士属于女强人型的，经营一家连锁商场，目前已有六家直营店面、若干加盟店面，生意很好。L女士的丈夫之前在一家电气公司做维修方面的工作，失业后很难找到对口工作，于是L女士把丈夫安排在自己公司，从一开始的采购经理到销售再到理货员，丈夫都不能胜任，既不能服众又没有一点情商，做事情直来直去，就连一个普通员工都可以来回支使他，甚至连整理货物这点小事也做不好，最后只能给自己开车。"他太老实了，老实得有点懦弱！无论怎么批评他，甚至有些嘲讽他，他都不会和我顶撞，总是答应着，但就是没变化！""我倒是希望他能强势点，唉！"——经过一年多的咨询，L女士才慢慢明白婚姻的真正问题。

L女士三岁时父亲就去世了，母亲再嫁后，继父经常对她又打又骂，这是生活常态。有次，继父居然扯着她的头发将她拉出门外，整晚都没让她回家，而怯懦的母亲也经常被继父打骂，根本指望不上！L女士从小就发誓，决不能像母亲这样懦弱，更不会找一个"暴君"当老公。多年过去了，L女士与丈夫谈了五年恋爱才结婚，因为丈夫经过了她的层层"测试"，测试后的结果是：丈夫绝对是贴心的、安全的、单纯的老实人，任何事都让着她，从来不发脾气！又过去了几年，他们的儿子也已经上中学，但L女士开始对丈夫越来越不满，越来越看不起这个"窝囊废"，于是想到了离婚。

L女士的经历很典型，因为"对原生家庭的恐惧"，恐惧"继父的暴力"，最终寻找到了令她安全感十足的丈夫。在这样的影响下，"避开暴力"几乎就是她寻找伴侣的唯一条件，"自我强大"几乎就是她不再重复母亲懦弱的唯一动力！这时的恋爱关系、婚姻关系就有了大量投射——"拒绝暴力、安全第一"，就不可能完整看清对方这个人本身。随着时间推移和个人成长，L女士心中的恐惧逐渐消退，这才让她慢慢发现对方身上的缺点，如无能和窝囊，而这些都是L女士过去选择的结果。这中间没有对错，我只是在说明早年经历的恐惧与渴望是如何影响婚姻质量的。

借由L女士的例子，你可以回忆生命中所遇见的人，是否与这点相关？因为匮乏和缺失，你的渴望如此浓烈，以至于迷蒙了双眼，无法看到那人的全貌，于是你很快坠入爱河。你爱上的多半是你心心念念的一个"幻象"，比如L女士的幻象就是"安全无害"的丈夫。只是随着时间推移，你在他身上索要的越来越多，你想要被认可、想要与众不同、想要证明他一直都是他、想要证明爱不会减少……或者像L女士那样想要证明丈夫不但安全，而且强大。

你开始慢慢失去自我，开始在意他的态度，开始敏感、多疑，开始和他冲突不断。因为对方无法满足你的渴望，并且你将痛苦地发现，在不满足之外，他还会利用渴望不断伤害你，或像L女士的丈夫那样给不了你想要的。

多年以后，失望不断累积，离你最初的渴望越来越远，而你还在坚守，十分内耗。更可怕的是，你此刻被对待的方式与早年的经历越来越像：你要的渴望，最终变成了恐惧。为了让自己不那么痛苦，除了现实层面的分离（分手、分居、离婚）之外，你不得不发展出了另外三种途径：

**第一种，继续外求，只是换了纠缠对象**。你有可能有所谓的婚外情、移情别恋、工作狂等表现，但一时的满足过后，你最终还是会失望，因为你总能在这些关系里感受到相似的痛苦。

**第二种，转移给了孩子**。你把恐惧、焦虑、渴望以及匮乏投射给孩子，让他替你完成这些使命。历史在隔代中继续轮回。即便你用了相反的方式，即便孩子替你完成了某种使命，代价却是孩子失去了自己的人格，越来越像早年的你；或者孩子奋力反抗、叛逆，导致亲子关系变得矛盾重重，令你沮丧不已。比如上面例子中的L女士对儿子的基本期待就是"勇敢强大"，以此转移对丈夫"胆小懦弱"的不满。

**第三种，开始了"心灵探索"**。你可能开始寻求专业人士的帮助，比如很多像L女士这样的来访者正是处在幻想破灭、外求不得而又不甘心的阶段。显然，你知道渴望并没熄灭，甚至愈发强烈，只是由于失望太多，内耗严重，你才把渴望进行了隔离或者压抑，就当从未有过。

**走在心灵成长路上的你，突然发现：一切外求都是饮鸩止渴，回归自身才是探索的源头**。而这个阶段，我把它称为"距离感"或"分离期"。你开始与纠缠之人（父母、爱人、孩子）进行分离，有的是结束（分手、离婚），有的是名义上的存在，有的是"刻意保持距离"。这是必然的，在你遍体鳞伤的时候，"刻意保持距离"似乎是你有效的选择。

**与对方保持距离，本质上就是与"恐惧的自己"保持距离**。不再苛求对方满足你，也不再为了获得满足而委屈自己。你才刚刚开始独立——真正的人格独立就是心理上与对方分离，无论你对那个人（你的依赖）有多么难以割舍。保持距离就是"舍"，之后才是"得"。刻意分离意味着开始对自己的痛苦负责，意味着开始学会拒绝，也意味着你启动了自我保护。

我见过一些人，他们开始拉黑父母、疏远伴侣、放孩子自由，更进一步地，开始与各类亲戚、同学、同事都刻意保持距离。当你不再过度考虑他们的感受，不再纠结哪里没做好而受到惩罚，不再讨好、顺从、取悦——难道这不是成长吗？只是这个成长来得太晚，只是这个成长需要很多代价。

你一边为维护自己感到爽快，一边又不确定这样做是不是自私；一边因为逃离这样的关系而欣喜，一边又因为看到他们的难过而愧疚……

成长，就是一边冒着以上风险，一边暗示自己不要再次陷入旧模式，同时又会在再次陷入时懊恼不已。你是勇敢的，拒绝的一小步就是成长的一大步。毕竟这些感觉是如此陌生，毕竟对方可能会报复或道德绑架你，但你要相信，保持距离的选择是对的。

刻意保持距离会给内心腾出巨大空间，让你忍受愧疚、孤独的同时，也让你把自己、把对方看得更清楚。距离让你重新审视以往的关系模式，也让你看清内在小孩这些年承受的委屈。刻意保持距离也属于"叛逆期"，无论多大岁数，你无须因姗姗来迟的叛逆而不好意思。叛逆的最大目标就是独立，你开始形成自我独立的性格。

在刻意保持距离阶段，我会建议你注意以下三点：

**第一，时刻留意关系的微妙变化**。也许对方也知道你在成长，但这会让他心生不快。游戏规则发生改变，你成了主动改变现状的一方，这将激发对方深层的恐惧与羞耻，继而可能转化成愤怒或冷漠来报复你，试图把规则拉回到之前的模式中。此刻，就是考验你意志力的时候，你千万别轻易妥协，要抓住一切细节进行深度觉察。你可以写下来（心灵书写），可以反复回想、复盘，可以与内在小孩对话，内观一切情绪感受。

**第二，需要自我奖赏**。刻意保持距离十分内耗，你需要通过自我奖赏来提供动力，理由就是你坚守了自我，维护了边界。奖赏方式有很多，可以是美食、旅行，可以与同道中人分享，可以寻求权威肯定，可以是你能想到的任何方式。事实上，你做到了保持距离本身就是对自己最大的奖赏。转

第二部分 "互相理解"是亲密关系里的伪命题

变来之不易,这是你过往累加的痛苦催化的结果,绝不能轻易丢掉,一定要自我确认、自我支持、自我激励。

咨询中,若有来访者和我说这些改变,我绝不认为这是一件小事,而是生命中的重大事件。我发自内心为他高兴,并想听到所有细节,并在每一处令他怀疑、犹豫的地方给予鼓励与认可,以此夯实"解放的土地"。若你也有心理咨询师或心灵成长小组,建议你详细而郑重地分享这种经历与感受,以此求得鼓励。这很重要,因为稍有不慎,你可能就会重蹈覆辙。

**第三,这只是个阶段**。永远不要担心刻意保持距离会令你失去亲密。脱离对方的影响,看清楚彼此真实的样子,这才是最真实的亲密。你当初有多么委曲求全,如今就有多么冷酷无情,后者是对前者的补偿,也是必经阶段。等这个阶段过去,你也就实现了"整合",你开始与关系"和解",不再委曲求全,也不再冷酷无情。

**关系开始展示它最舒服、最真诚的一面**。到时候,你所在意的亲密可能并没发生变化,而你却能够变得更加自在。当然,基于对方的人格差异,你们也有可能形同陌路,或看起来不再像从前那么亲密,但那有什么关系呢?强扭的瓜不甜，但凡因你的成长而离去的，那便说明这段关系并不值得你的珍惜与维护，放手又有何不可。

## 学会独处

"独处"之所以存在，是相对"关系"而言的。一个人独处久了，需要关系；一个人长时间处于关系中，也需要独处。多数情况下，在亲密关系中的你并不自由，甚至不完全真实。因为任何交往都是"角色互动"，没人能够完全摆脱关系里的角色，比如你的角色可能是父母、儿女、同学、朋友、员工或领导。

你首先是这样的角色，然后才是你自己。而角色互动就会有要求，有要求就不完全自由，你总有一部分是作为角色被"使用"的。比如作为"母亲"这个角色，你就要照料孩子。"照料"就是被使用的形式，当孩子遇到压力，无论你是否害怕，都要去安抚孩子，你要忽略自己恐惧的部分，此刻，你就正在被亲子关系使用。

现实要更为复杂，当你身处各类关系中，就要扮演各种角色，而很多时候，这些角色是重叠的、交叉的，同时进行的。比如在家庭聚会上,你既是别人的母亲,又是别人的女儿,还是别人的姐妹以及其他各类亲戚,一旦这些角色集于一身,而你又有较高的自我要求,你就很容易在扮演这些角色的过程中失去一大部分自我,其结果就是"累"。身体累,因为要准备饭菜、打扫卫生;但心更累,因为要照料很多人。本质而言,你需要履行各种角色所赋予你的责任。这会使人非常内耗。

很多时候,我们并没有意识到这种内耗,因为我们已经习惯了,习惯了在各类关系中扮演着某种角色,这种角色与对方的角色各取所需,相安无事。但如果你总在关系中患得患失,无法拿捏关系相处的"度",那我会建议你先不要着急纠缠其中,而要抽离出来,学会"独处"。这是我本人最热衷的喜好,我会把这种独处,称为"心灵疗愈之所"。

若你留意,会发现每个人在关系角色里都有各自不同的面具,比如有的人会控制他人,有的人擅长讨好、喜欢攀比、左右逢源,有的人总被他人忽视、敢怒不敢言,也有的人是"墙头草随风倒"……

然而,必须排除这几类"被迫独处":

第一类，消耗型独处。部分操作工、办公文员以及学生都属于这一类。他们看起来是一个人在工位旁、电脑旁、课桌旁"独处"，却不是什么疗愈，而是消耗，因为他们不得不迫于生计做自己不喜欢的东西。

第二类，惩罚型独处。比如生病住院的病人、犯罪入监的犯人、被关黑屋子的孩子、留守的儿童，对他们来说，独处不是疗愈而是惩罚。

第三类，被动型独处。比如那些抑郁、社恐之人，他们其实讨厌独处，他们更想建立关系，却失去了交际能力。

"被迫独处"的人更需要关系，需要有人靠近他们、理解他们，与他们互动。他们更渴望走进人群、扮演角色，渴望逃离独处、结交朋友，渴望在关系里纠缠。

除了被迫独处外，还有一些人很难实现"独处"，他们喜欢依赖各类关系，也喜欢操控各类关系。他们喜欢热闹，喜爱聚会，喜欢被一群人包围，喜欢与各类人打交道。即便独处，他们也会不断地翻看手机。旅行对他们来说，并不只是单纯的出游，而是一种交际手段。就算在工作时，周围也人来人往，他们虽然会抱怨忙碌，实际却乐此不疲。从根源上看，这一类型的人**害怕被关系抛弃**。他们需要在关系中获

第二部分 "互相理解"是亲密关系里的伪命题

得认可,以此作为自己的修行之道,通过让别人看见自己来寻求意义感。我会鼓励这类人学会独处,暂时与所有关系划道线,创造与自己多待一会的机会。

我的来访者绝大多数是女性,若把"独处"定义为"一个人享受时光",从女性视角来看,"独处"则更加难以实现。因为受传统的社会文化价值观的影响,女性更多与家庭绑在一起,需要照料家庭其他成员,特别是孩子。任何与孩子有关的问题,女性总会有种天然的责任感。我有许多女性来访者,她们并不是全职太太,而是各类职场精英,如大学教授、私企老板等,其中至少有三分之一的人的收入超过了其伴侣,但令人感到奇怪的是,在孩子教育问题上,她们似乎更倾向于自己占主导地位,承担主要责任。这让她们本就少的独处时间更加少得可怜了,她们就像一名女战士,既要驰骋职场,又要操持家事,还要精心育儿,她们的时间几乎在用分钟计算,非常消耗自身能量。如果她们能在一周中安排一两次瑜伽或冥想,那简直就是奢侈。

正因如此,我会建议女性要多放手,让父亲更多地参与到亲子教育中。很多时候,你放不下的是心中被道德化的女性形象,而这并非你的真实所想。我会建议女性为自己争取更多的独处时间，多花心思在与自己相处的状态里，这样就会发现更多可能性，也能让亲密关系更加和谐。我常说的一句话就是"不会享受独处，就无法享受亲密"。下面，我来告诉你"独处"最具意义的三种体验。

**第一种，最真实**。毋庸置疑，没有任何关系比独处更真实。当你主动、独自处在一个安静空间时，你无须戴上任何面具，不需要扮演任何关系里的角色，也不需要对这世界负责。此刻，这空间只有你自己，如果愿意，你完全可以一丝不挂地走来走去，完全可以独自醉倒，完全可以疯狂地呐喊、哭泣、怒吼……如李白所言："我歌月徘徊，我舞影凌乱。"这样的独处需要你自己的允许，从而让你做最真实的自己。

**第二种，最独立**。我认为，心灵成长必须经历关系的纠缠，但这还不够，还要离开关系思考，这样才能进行总结和升华，从而实现成长。这个过程必须独立完成，没有任何人可以让你依赖和给予指点，你要做的就是独立思考。一旦你开始思考关系，并因此产生许多疑问，你就是在培养独立思考这项能力了。

**"人格独立"最基本的就是：享受独处与独立思考，不**

第二部分 "互相理解"是亲密关系里的伪命题

**依赖他人，也不被他人观点或主流观点左右**。有人害怕独处，无法一个人面对自己的内心，害怕关系的分离，甚至会越想越怕，感觉像被整个世界遗弃了。对于这类人来说，一旦没了别人做参照物，自己也就不存在了。如同越小的孩子越怕独处，越不能独立思考，必须要有大人陪着，并且给他回应，他才能慢慢学会独处和思考。人格不独立的人就是没长大的孩子，尽管生理年龄足够成熟，其内心却是幼小的，需要得到关系的滋养，方可慢慢独立。

**第三种，最具掌控感**。这是我想说的重点。日常的关系互动并不具备完全掌控感，因为你要应对他人冲击带来的焦虑，这种冲击泛指一切不滋养的关系，比如评判、指责、冷暴力等。对方的控制欲越强，越是如此。面对强势之人，你大概会采用三种策略：逃避、对抗、顺从——而这些都要消耗你的能量，才能降低伤害指数。甚至顺从也是控制对方的手段，"我听你的，你才会听我的，最不济你不会伤害我"，所以，大部分看似软弱的表现，其实都是被动控制关系的表达。

另外，身处关系中，人的独立思考能力很可能会下降。因为每个人都在用自己的方式掌控谈话、让对方接受自己的观点、赢得关系的主动权。大家总在有意无意地配合彼此、拿捏分寸，以便争取由自己主导的空间。所以很多时候，你总会被迫做了某个选择、下了某个决定、给出某个回应。你来不及独立思考，也很少有机会跳出关系来深思熟虑、权衡利弊。需要指出的是，越亲近的关系，越难以保持独立思考。而你总会在之后的某个日子寻找到某个"独处空间"，在那里经过权衡、反思、后悔、内疚，迎来后知后觉，你突然意识到，当初在关系中的做法并非你的本意。

当然，独处不代表内心一定平静，它可能更纷乱复杂。各种关系——与某人的交往、冲突、纠缠、感受会涌上心头，让你陷入更深的反思。此刻的独处就让你具备了"掌控感"，好像你有了两个自己：一个是现实的你，一个是内心的你（内在小孩）。你回忆、分析、思考、感受内心的自己，继而获得某些感悟、教训、心得，从而更加完善独立性，好让你再次进入外部世界、再次与他人打交道时，更有迹可循、有经验可依。

关系里的掌控感就来自独处中的反复练习。当你逐渐养成"即便身处关系中也能抽身思考"的能力，那么在现实关系中，你也能够拥有主动权。比如，当你身处亲密关系中，

第二部分 "互相理解"是亲密关系里的伪命题

当伴侣再次用惯有模式与你打交道，指责也好，挑剔也罢，你将能够运用这种能力，不再像之前那样逃跑、争吵、讨好，而是"在关系当下独立思考"：将对方的指责变成背景。你虽然在他对面，但好像又跳出了关系，变成了一个旁观者、俯视者。你超越了当下你与伴侣的关系本身，能够用"第三只眼"来观察你们双方，从而做出更安全的选择、更可控的决定——这就是成长。

这就是"独处能力"的核心价值。如果你能在不断的独处中锤炼这种掌控感，将其变成关系互动中的法宝，那么你也将变得更可控、坚定、从容，不再被关系伤害，做到真正的"亲密而独立"。

## 培养确定感

前面我们重点谈了"距离与独处对亲密关系的价值"，也许有人会感到疑惑：既然独处这么好，人们为什么还总是追求关系、婚姻？独处不就行了吗？这个问题很好，因为你提到了一个我一直在分享的主题，那就是亲密与独立。二者就像硬币的正反面，缺一不可。所以在本节中，我会与你分

## 超负荷的女性：看见内心的渴望与恐惧

享关系中的一个最基础的感受：确定感。事实上，我认为婚姻关系的本质就是给双方提供了足够多的"确定感"，从这个角度而言，确定感就代表"足够的安全感"。

请先看三个小片段：

一位男士本计划陪妻子、孩子爬山踏青，可刚出门，妻子想去买帽子。买完帽子，孩子又想去游乐场。去了游乐场，发现人很多需要排队，妻子又要趁机逛化妆品店。这时，男士突然发火，情绪崩溃，把车钥匙狠狠摔在地上，愤然离去。

一位女士外出旅行，她早已订好航班和酒店，路上却遇到各种不顺，不是打不到车就是堵车，好不容易卡点到了机场，航班又临时晚点。当她到达目的地时，已是深夜，却发现已预订好的酒店竟然满房。她突然在酒店的前台处嚎啕大哭。

一位高中生在家复习，恰好亲戚来了。有几位小朋友在玩球，高中生制止了几遍，刚消停一会儿，大人的说笑又打

第二部分　"互相理解"是亲密关系里的伪命题

扰了他。当父亲进屋给他送水果，高中生突然把水果摔在地上，大声吼叫，接着摔门而去，剩下一屋子人面面相觑，不明白发生了什么。

以上三个人的经历有两个共同点：第一，他们的情绪迅速崩溃；第二，他们被各种意外破坏了规划。这在生活中绝不罕见，很多人会经历情绪失控，莫名发火，继而做出很多不理性的行为。其他人并不知道原因，深感疑惑，其实原因很简单：他们的"确定感"被打破了。

每个人都需要"确定感"，这就像一味良药，用来稳定情绪、维系安全。比如有人经常抱怨生活单调无趣，经常萌生辞职、离婚的想法，但多年过去，他们依然忍受着一成不变的生活模式，从未真的辞职或离婚。这正是因为他们在这种生活中得到了"确定感"，毕竟乏味好过崩溃。总体而言，确定感就是"日常"：你知道今天要去哪里、做些什么，也很清楚走哪条路上班、几点下班、几点接孩子、几点吃饭……这就是普通人的日常。有规律的"日常"让人安定、踏实，只有被打破时，人们才会意识到它有多宝贵。

特别是那些在"动荡的养育环境"中成长的孩子，长大后则更明显。"动荡的养育环境"包括但不限于：频频搬家、经常换学校、经常换养育者（保姆、奶奶、外婆、父母）、经常被无征兆地抛弃、父母经常毫无征兆地吵架、经常被无征兆地打骂责罚，等等。这里的重点在于"无征兆"，即父母怎么了、为何如此、何时如此，都没有任何说明。在父母看来，这些并不需要向"无知"的孩童过多解释。

但这会给孩子带来巨大的"不确定感"，孩子没有任何参与的空间。时间久了，这种"不确定感"就会被内化，变成孩子人格的一部分。由于"不确定危险何时来临"，孩子就会发展出各种"策略"来预防不确定情况的出现。我这里说的"策略"在心理学中也被称为"功能"或"防御"，指的是避开危险的方式方法，并且这种方式方法被当事人用习惯了，成了自己的一部分。但"策略"有时能避开危险，有时相对比较僵化，有时甚至会带来痛苦。

这些"策略"陪伴孩子长大，当孩子成年后，他往往会有以下三种表现：**第一，产生强迫性行为与思维**。比如过着非常规律的生活、有着严格到近乎严苛的自我要求等，对于内心越不确定的人，这些习惯就越细致、严密。这样的人可能会把日常规划得像"时钟"一样精确,从几点起床到几点入睡,有关生活细节的每一步内容都必须可预见。

这甚至会表现在任何一件小事上,比如"吃什么",他会思索良久才决定吃酱肉包,并准备好几套备用方案:去不同的店铺、点外卖、实在不行就更换口味,等等。

总之,倘若计划被打破,虽不至于让他崩溃,但会影响他一天的心情,令他非常沮丧。可想而知,如果连吃包子都如此,其他大事更是令他穷思竭虑、如履薄冰,比如考试、旅行、择业、与人交往、工作任务,等等。

如此的强迫性思维让人疲惫不堪,如同吃草的羚羊,惶惶不可终日。很多时候,他也知道这样做根本没必要,但为了获得"确定感",又不得不如此,否则,他内心的不安一点都不亚于警惕狮群的羚羊。

**第二,想得太多,做得太少,内心纠结,行动力差**。行动力差是因为"不敢做",生怕失败了就无法挽回,就会跌落无底深渊,因此万分恐惧。必须指出:这个失败是想象中的失败,现实其实没那么糟。因此,内心充满"不确定感"的人必须在脑海中模拟几十遍,通过想象来权衡利弊,确保万无一失。而与他打交道的人,也总担心哪里做得不合适而激怒他,久而久之,他身边的人也都很注意,像是被他"传染了"。

**第三,对自我要求完美、苛刻,对他人同样如此**。很明显,这类人做事似乎没有回头路,凡事必须尽善尽美,不能犯错,总觉得自己一旦哪里做得不好,就会招致灾祸。

这些"灾祸"是指别人的评判、指责、贬低、抛弃,关系的破裂,自己内心强烈的自责与羞耻。这样的人会反复咀嚼今天所发生的事,哪些做得还行、哪些很差、哪些不该说、哪些不该做、哪些本该做得更好……因此经常失眠。事实上,这一切并不是真的来自外界,而是源于内在对自己苛刻的期待,就算别人认为他已足够优秀,依然不能降低他的"内耗",因为苛刻没有尽头。

与此同时,他也会苛刻地对待别人。如果你有一个这样的伴侣,你会发现怎么做都难以让对方满意。在他的字典中,没有最好,只有更好,更多的是不够好、很差劲。

一切内耗,均来自"无法达到自我预期""实际做的与心中的'应该'有差距",并且差距永远存在,随时存在。当然,苛刻分很多种,程度不一,是一个连续谱,有的相当苛刻,有的一般苛刻,有的稍微宽松,不一而足。

## 第二部分 "互相理解"是亲密关系里的伪命题

那么在关系中,如果你是这样的人,或你身边有这样的人,你该如何理解自己和对方呢?首先,要自我确定。确定你的策略,认可你的策略,善待你的策略,无论是严谨、苛刻、规划、强迫、焦虑、内耗,都是为了保护你的内在小孩所采取的策略,是它们让你走到了今天。特别要善待自己的愧疚与自责。因为每次情绪失控,大概率会招致别人的不理解,并让他人产生打击感,而你会在愤怒过后,被愧疚折磨。

在开头的例子中,那位男士会在事后觉得对不起老婆、孩子,那位高中生也会在情绪发泄后觉得对不起父亲和亲戚。但这些都不要紧,关键要明白,在事情发生的那一刻,你的策略已经失效了,这意味着确定感的崩塌,从而让自己陷入了与早年类似的情绪体验中,好像自己正在被抛弃。事实上,你的怒火与失控就是在宣泄当年未完成的情绪,所以那一刻,无暇顾及他人,就再正常不过了。

其次,"觉察"一切发生,这是重中之重。重点不在于情绪失控、无端发火、内疚自责、伤害他人、自我苛刻,也不在于策略失效,而在于事后,你"看到了"这一切的发生。如同看电影,你会觉察到整个过程中的情绪和他人的反应，觉察到内心正在经历着如何的挫败感，觉察到那一刻你不再是个成年人，而是内在小孩的状态，觉察到自己的恐惧与委屈。觉察的好处有两点：第一，降低以后类似的失控频率；第二，缓解愧疚感，让你能够更加理解自己。

另外，即使有了"自我确定"和"觉察"，你还是无法满足确定感，或者你依旧感受到了危险的存在，还是内耗。我再与你分享一个更深的心理机制——"反转"，也可以称之为"在痛苦中的自我疗愈"。

就像那三个例子，仔细想来，每个人都是可以避开那些"不确定感"的：男士可以提前与老婆、孩子协商好；赶航班的女士可以多注意手机信息；高中生可以去图书馆避开亲戚。再详细看他们的日常，除了谨小慎微的一面，还有鲜为人知的另一面：不顾一切、说走就走、毫无规划、喜欢冒险。

但他们为何没这么做，以他们谨慎的个性怎会想不到？怎会还有相反的另一面？因为在潜意识中，他们一边想避开危险，一边又想尝试冒险。这就是我说的"反转"：即便你用尽一切策略来获得确定感，也会百密一疏，总会给危险留下余地，继而真的再次进入早年体验。只有再次进入相似的

## 第二部分 "互相理解"是亲密关系里的伪命题

体验,你才有机会实现反转。

再举个例子。佳美今年42岁,她工作稳定、收入不菲,有一双儿女。丈夫是一家国企的中层领导,对佳美也很体贴。用佳美的话来说就是:"我觉得生活太稳定了,结婚15年来我最大的感受就是'确定感'!太确定了,太安稳了,这种感觉既幸福又不真实!"佳美就这样一边享受这种确定的幸福感,一边又觉得很空虚、很没意思。直到她有了另一段感情,这段感情已有2年,还在持续中。"这让我害怕,也很愧疚,对不起老公和孩子!""但这感觉很刺激,像再次恋爱了,和婚姻很不同。""每次和他约会,我都忐忑兴奋,但又觉得很飘忽不定,只有回家后才心安,那种熟悉感回来了,但我说不上来,这种确定感好像比之前的确定感更踏实……"

佳美的例子很典型,是一种"确定中的不确定",也是一种"不确定中的确定"。佳美女士早年所处的就是我前面说的"动荡的养育环境",由于父母要外出打工,养育者经常换来换去,她往往刚和这家熟悉就要被送到那家去。爸爸妈妈偶尔回家看她,但刚熟悉没几天,他们就要被迫分开。"就连做梦都会梦见很多模糊的脸连成一片",这种影响让

超负荷的女性：看见内心的渴望与恐惧

佳美特别渴望"稳定、确定"，她与丈夫的结合就是如此。但是，这样的确定却不是她熟悉的模式，于是她觉得"空虚、无意义"，然后就有了另一段感情，让确定变得不确定。而不确定又很危险，"只有回家后才心安"，这种不确定中的确定感，正是佳美潜意识里想要的。

这在心理学理论上叫"创伤的强迫性重复"，指的是，如果创伤没有被疗愈，它会在关系中、恋爱中、婚姻中以早年熟悉的模式呈现出来，目的是被疗愈。这个过程就是我说的"反转"。这就是在一种痛苦中疗愈另一种痛苦。

所以，你可以思考，在你们的关系中，是否也存在某种重复和反转呢？你在哪段关系中获得了确定感？哪段关系又让你愈发不确定了？这个思考的过程，就是觉察。

最后，既然早年养育者给了你"不确定感"，如今就必须有养育者给你"确定感"，而这个养育者在你心中的位置必须与早年养育者同等重要。你为何总对家人情绪失控？因为伴侣和孩子的位置绝对不亚于早年的父母。这个养育者还可能是你信赖的老师、心理咨询师、团体带领者，或是善待你的某个长辈、同事、同学等。你总会找到这样一个人，来

第二部分 "互相理解"是亲密关系里的伪命题

配合你获得"确定感"。

## 不带敌意的拒绝

"建立一段健康的亲密关系"中的"健康"指的是什么呢？事实上，健康包含很多含义，但最基本的含义至少是：不消耗的、放松的、安全的、确定的、可以做自己的。前面我谈了如果在一段关系中无法做自己，可以通过适当独处或刻意保持距离来恢复能量，也可以在对方身上寻找确定感和安全感。但如果想要减少消耗，还有一点特别重要，那就是学会"关系里的拒绝"。

我的来访者李女士曾经接到了一位十余年不联系的朋友电话，他们当初形影不离、无话不谈，再次联系时却只有平淡与好奇。寒暄叙旧多时之后，朋友向她提出了借钱。李女士突然很愤怒，话音提高了八度，刚才的温柔不见了，气呼呼地说没有，接着挂了电话。

事后，李女士一直耿耿于怀，心情复杂。她一方面觉得朋友不够意思，这么久没联系，一联系就借钱，还假惺惺地各种关心恭维；另一方面又无比内疚，毕竟曾是好朋友，自

## 超负荷的女性：看见内心的渴望与恐惧

己的拒绝是不是太直接了，不借就不借，为何要把关系搞那么僵。她的心里如同打翻了五味瓶，怎么也不是滋味。

李女士做心理咨询的议题之一就是不会拒绝。每当别人找她帮忙，她从来都是快速应允。她怕破坏关系、怕起冲突、怕别人觉得她自私小气，因而在关系中总委曲求全，对领导更是毕恭毕敬，不敢高声言语。李女士非常厌恶这样的自己：胆怯、懦弱、唯唯诺诺。

你是否也同李女士一样，或曾经就是李女士？讨好迎合，面对要求不敢拒绝，鞍前马后地满足别人，久而久之，你也就模糊了自己的真实想法。奇怪的是，越是老好人，越在意别人，就越不受重视，别人总不把你当回事，甚至可能连你的父母、孩子、伴侣也不尊重你。

你心中满是委屈：如此努力经营关系、如此在意别人的需求，为何还是不被认可，甚至被忽视？因为你正处在一种习惯的、熟悉的、安全的旧有模式中。这个模式就是"乖小孩"，即你听话、懂事、顺从、讨好，你遵守规矩、不会拒绝。这种模式变成了你性格的一部分，也为你带来过诸多好处。有时，别人会因你的付出对你好一点。你形成这种性格的初衷是"希望被喜欢"，因为他们讨厌你的另一个样子，若你胆敢反抗、叛逆、不听话，他们就对你无情地打压报复、施加惩罚。他们告诉你，如果你够听话，他们就喜欢你。

人到中年，你越来越郁闷，总觉得哪里不对。旧技能令你压抑、憋屈，在亲密关系中，你就像个可怜的情感乞讨者。你迫不及待要掌握另一种"生存技能"，而掌握新技能的第一步，就是学会拒绝。

首先，你需要认识到，拒绝也有许多意义，比如：

**维护边界**。你是你，他是他，不要混淆、模糊这条边界。除了看见别人的需要，你更要清晰自己的需要。当这两种需要发生冲突时，你要坚定不移地拒绝对方，先满足自己的需要。

**会被重视**。拒绝可能破坏关系，可能被打击报复，但绝大概率会让对方重视你。拒绝代表某种强大，人们重视、佩服的不仅仅是朋友，还有敌人，一味的讨好、忍让绝无法带来真正的和平、尊重。

**获得尊严**。相比忍气吞声、独自憋屈地承担，拒绝讨厌的一切更能体会到尊严感。

当然，拒绝的意义还有很多。成长的路上，拒绝是块敲门砖，让你打开了自我价值的大门。于是，你开始尝试拒绝。即便你可能会像李女士那样，在拒绝之后充满担忧、愧疚、害怕，但是一旦尝到了拒绝的甜头，那就意味着改变的开始，因为你获得了尊严，找回了自我，而不是一直活在他人的期待中。

与此同时，你也会发现一个新问题：在拒绝后，你失去了一些好感，并没获得更多想要的关注，甚至连最亲的人与你打交道时都很忐忑，有的回避你，有的与你吵架，这又是怎么了？事实上，问题不在于拒绝本身，而是你拒绝的方式过于刻板、僵化、单一。你的那句"不行"太有杀伤力，附加了太多情绪，然而，这是你学会拒绝的道路上所必将经历的阶段。

李女士回忆，朋友提出借钱那一刻，她拿手机的手都在打颤，声音变得尖锐急促，脑袋蒙蒙的，心里有火在燃烧，胸口像被石头压着无法呼吸——这些情绪"本能"冒出来，占据了全身，再也没空间去容纳温情。"拒绝"就像火山爆发，充满了攻击性与敌意。只有大声喊出"不！我没钱！"并伴随着"啪"的一声挂断电话，她的情绪才能暂时缓和下来。

## 第二部分 "互相理解"是亲密关系里的伪命题

也许你也有类似感受：当别人提出某个要求、请求，或是委婉的评判、不太激烈的指责、半开玩笑的批评时，你就会燃起怒火，失去控制，立马回怼，灼伤这个虚伪的、从未真正关心你的人。

特别是每到年关，人们开始面对各种亲友走访，与父母家人的相处往往感到有压力，让你头疼的不是怕见他们，而是怕被追问与评判，怕他们一厢情愿的关心、期待以及冷漠。催婚、催娃、考多少分、赚多少钱、有没有买房、过得怎样……你可能感觉到这些问题里隐含着小心的试探、不公正的态度、恨铁不成钢的指责，以及潜在的不满与讥讽——这些都会让你感到恐惧。

总有场合是逃不掉的，你只能硬着头皮参与其中。由于你刚刚习得"拒绝技能"，用得还不那么顺手，你的拒绝充满了孤勇、悲壮、敌意。对方也许被你吓到，也许闭口不言，也许尴尬地走开，也许与你吵架，批评你这"没良心的"，指责你的不懂事——这会让你更孤单。此刻，你要理解自己。一旦拒绝带来灼伤，这表明你不再是个理性的成年人，而是一个委屈的、愤怒的孩子。

对方的控制与要求、追问与试探，变成了激发你内在小孩创伤的导火索。瞬间,你可能会想到以前的懦弱,想到被人牵着鼻子走的过往,想到一个人奋斗的辛苦,想到并没有人真正在乎过你,想到那个卑微的、被当工具使唤的、讨好他人的自己……正因为你的思想不仅仅聚焦于当下这个具体的事件,而是发散到曾经的经历与感受,才会让这些羞耻感顷刻间化为愤怒喷涌而出。

越难接受自己的不堪,就越愤怒;越愤怒,拒绝就越有杀伤力。你就像一名战士在捍卫领地,隐藏脆弱,比起眼泪,你更愿意去攻击。尖锐的、敌意的拒绝背后,正是那个活不出理想状态的自己。一旦理解了这一点,你就可以更进一步——尝试温和的、不带敌意的拒绝。允许曾有的不堪,允许暴露脆弱,接纳那个卑微的自己,因为你那时的心理年龄还不成熟,认为只有温顺地待在关系中才安全。允许不够好的自己,拒绝才不那么具有攻击性,才能变得温和。

温和绝不是卑躬屈膝。拒绝有时会果断干脆、无须理由,但有时也可以是含蓄温和的。你不必怒目圆睁,也能够表达出自己的坚定意思,这是更为强大的拒绝。

不带敌意的拒绝,说来容易做起来难。因为在人们的刻板印象中,拒绝本身就是带有敌意的。之所以称为"刻板印

第二部分 "互相理解"是亲密关系里的伪命题

象",就是因为这个是不准确的,换句话说,你自己首先要清晰这一点——"拒绝是拒绝,敌意是敌意"。敌意是心存报复或攻击他人,而拒绝只是"我不选择满足你的需求",是一种选择而已。如同李女士只是选择了不满足朋友借钱这个需求,但并不需要对朋友打击报复。只有当李女士认为借钱不仅仅是借钱,而是激发了她心中其他情绪时,或者认为朋友对她有敌意时,拒绝才有敌意。所以,拒绝本身是中立的,是一种选择而已。任何多出来的敌意背后至少不仅仅是拒绝本身,还有其他动力。比如"周末要去你家,你别安排别的事情了",很容易激活某种"被控制的敌意";"周末去你家,因为你上周末来的我家",很容易激活某种"被威胁的敌意";"这次周末去你家,给你个面子",很容易激活某种"被贬低的敌意";此时,你的拒绝很难没有敌意,但如果你觉察到了被激活的是什么,拒绝也就是拒绝本身了,不会让你自我伤害,只是就事论事。

总之,建立健康的亲密关系,绝不是遵循几条规则或者按照书本或课程的要求来做,而是一种深度的觉醒和觉知,一种在关系中反复体验后洞察力提升的结果。但在本章节中，我提到的这些关键词——距离、独处、拒绝、确定感，就算无法让你建立健康的亲密关系，至少可以让你遇到伤害时暂时保护自我，在困境中有个考量的依据。

*The Weight of Expectations*

第三部分
自洽而内求,向着原本的自己生长

## 第八章　你到底在证明给谁看？

我们每天都在证明，

我就是我。

因为害怕，

别人说我不是我。

证明久了，

我就真的不再是我。

——冰千里

超负荷的女性：看见内心的渴望与恐惧

## 你心中的证明情结

小夏"躺平"快一年了。实际上，小夏所谓的躺平只是少了些活力，在别人眼里根本不算什么。她照常上班，工作也都进展顺利，同事们并没说三道四。

甚至在旁人看来，就算是"躺平的小夏"也要比普通员工优秀很多。领导偶尔会拍拍她的肩膀，笑着说："策划部你还得多费心啊。"这算是求我吗？——作为策划部二把手的小夏心里暗爽。放在以前，领导这话会让她崩溃，好几天睡不踏实。

其实，小夏心里也不好过，在这之前，她从未有过这种感觉。

刚躺平那会儿，小夏如坐针毡，整天给自己开批斗会，觉得自己不求上进、堕落、拖公司后腿，担心自己随时会被裁员，每天上班都会幻想他人像凝视怪物般看待自己。后来，这种不自在变弱许多，因为她实在做不到像之前那样主动加班、生龙活虎、每次业绩排名都是第一。她不知为何就是失去了"斗志"，这让她沮丧、失落、抑郁，好像生活失去了目标,没了意义。尽管失落中也有轻松,但她仍然承受着许多压力——因为"放松"对小夏而言是如此陌生。

令小夏更沮丧的是,她的兴趣也在减弱。比如,她曾经喜爱写诗歌、散文,每次发表在企业报刊上,都会收到同事们羡慕的眼神。有次,她的文章还被登在了当地晚报上,尽管版面篇幅不大,却让小夏兴奋得好几天睡不着觉。然而现在,她对此感到疲倦,一个字都不想写。

对于现在的小夏来说,工作任务只要完成就行,不再力求完美,空闲时间便用来陪伴家人、追剧、吃吃喝喝,搁在从前,这些都属于"不务正业",只有拼命工作,才是她的理想。然而,这样躺平的日子让小夏很苦恼。我只问了小夏两句话:"那么,你到底在证明什么呢?""你又在证明给谁看?"

我见过太多"小夏"了,他们消耗自我,追求所谓的"优秀光环",背后却隐藏了许多忐忑。为了避开内心的恐惧,"小夏们"几乎拼尽了全力。他们不是在工作,而是在"保命",因为一旦不优秀、不出色,他们就会感到绝望。你是否也是其中一个小夏呢?为了证明自己的强大,或者说为了证明自己没那么无能而心力憔悴。

当然,"证明"的好处有很多,"被认可"就是其中最大的奖赏。"我已经超过了多数人。""我在单位已经是天花板级别了。""我很享受被认可的感觉,太棒了!"被认可、羡慕、赞美就是证明的动力,然而对"证明"的需求却几乎永远无法得到满足。因为你总想要更多认可,也总想要更多人羡慕,好像在证明给这个世界看:"瞧,我还没那么差劲吧!"

被认可的背后是被否定,事实上,你并不是在追求认可,而是在避开被否定和被挑剔。你一边享受努力带来的成果,一边警惕着被否定的风险,总是觉得哪里还不够好、哪件小事做得还不到位、哪句话说得欠妥……你对于自我的挑剔无处不在。于是,你将更加注意、更加苛刻、更"精益求精",以此来避开潜在的、随时会出现的否定——这形成了一种恶性循环。

时间久了,你的性格也或多或少受到了影响,你可能分不清哪些事物是自己真心喜欢的、哪些是被迫热爱的。因为,它们都已经被混淆成你证明自己的素材。

小夏正是如此——"工作难道不就应该争第一吗?难道不就应该加班吗?这有什么问题吗?"据小夏回忆,她唯一的写作爱好，无论在动笔前还是刊登后，她都不太会关注文字是否表达了真情实感，而是更在意读者的想法和反馈。比如，她会特别在意阅读量，在意同事是否阅读，在意朋友聊天时会不会予以赞美，甚至就连平常晒个朋友圈，都会关注点赞和评论人数。倘若无人问津，她立刻会陷入不安：我是不是不该发这张图？是不是不该写这句话？这张照片本该修得更漂亮的……思索再三，她还是删掉了这条朋友圈。是的，小夏的工作、爱好，甚至是生活琐事，都在证明自己的强大和优秀。这反映了在潜意识深处，她对自己存在着深刻的不确信和否定。

这就是人们常说的"自卑""低自尊"，而内在的低价值感和外在表现出来的自信简直天壤之别。一旦你陷入这样的"证明情结"，你的潜意识便会开始讨好他人。你的一举一动、行为模式、关系互动，都是为了"讨好"，都在畏惧他人的否定。"小夏们"的"成功"背后有着高于常人的内耗。

一个努力证明自己并不差劲的人，其工作大概是很出色的。他们一边享受优秀带来的价值感，一边在心中祷告"下次可别掉下来"。他们看起来总是优秀，这正是自我证明的回馈，是"小夏们"元气满满的动力所在。然而，很少有人能够时刻保持优秀，当失误和倦怠降临时，便是对真实人格的考验和磨难。失落、抑郁、无意义感、自我贬低、羞耻、愧疚……如层层乌云笼罩头顶，望不到边，此刻，"小夏们"的人生仿佛失去了方向。

这些乌云不会一下子涌过来，而是每天一点点地出现。当你反思自己今天哪件事做得不够好的时候，乌云说不定已经悄悄飘到了你的头顶。

那么，如何知道自己现在过的生活到底是证明给别人看的，还是自己真心想要的呢？

多数情况下，参考标准如下，大家可以尝试勾选下，看看自己是否存在这样的情况：

○ 重要的事情经常拖延

○ 很在意自己是否把事情搞砸

○ 被别人评判时如临大敌

○ 会因为被别人误会而耿耿于怀

○ 对别人的反馈特别较真

○ 不允许自己享乐

○ 不允许自己无所事事

○ 总是控制不住反复回想自己认为没做好的事情

○ 经常会自责、自我贬低

○ 成绩好理所当然，成绩不好仿佛天塌了下来

○ 一旦原计划被破坏就莫名愤怒

○ 总觉得别人做事不用心

○ 总觉得自己伤害了亲人

○ 害怕生活中的未知

如果你对以上情况的回答有超过7条是"很像我""通常我也是"，那么你很可能属于有"证明情结"的人，或者说，你其实活在"他人评价之下"。当然，这些参考标准与频率、程度都息息相关。比如"经常会自责"这一条，一周自责一次与每天都自责是不同的；"只是觉得这件事做得欠妥"与"我简直太愚蠢、太窝囊了"更是不同。

倘若，阅读完以上标准让你觉得更加糟糕和羞耻，那么你很可能就是"小夏"，很可能已经陷入了"证明情结"。

对此，我将给你如下建议：**第一，知道自己在做什么**。重点不是让你立刻改变，毕竟你很难做到一下子躺平，更做

不到对自己没有评判，不过，你需要看到这一切正在发生！

很多人向我反映，为什么学了心理学、做了心理咨询、进行了心灵成长，反而更痛苦了呢？我的回答是："因为你有了觉知。"之前的你重复内耗，并认为这种付出是理所应当的，不会为此感到痛苦，或者是忍受麻木的痛苦。而当你知道自己在做什么时，便能意识到自己的挣扎与内耗，便能感受到应有的委屈、愤怒、不公，体会到悲伤与无助。你仿佛正在经历"双重痛苦"，但"看到"的痛苦恰恰疗愈的是"看不到"的痛苦。在某个阶段，你必须为"敞开伤口而买单"。所以，你大可以继续证明自己、讨好他人，继续内卷、自责、看别人脸色，但你需要知道自己在这么做。可以肯定的是，当你越来越有了觉知，越能够清晰看到自我的处境，以上的行为、情绪便会逐渐减少。

**第二，觉知的意义在于"宽恕与接纳"。** 当你每天反思"错误"的时候，如果仍是以挑剔、贬低、自责来对待自己，那就是在重复创伤。当你开始试图原谅自己、善待自己、心疼自己——这就是心灵成长。当然，在很长一段时期内，重复创伤和心灵成长是交叉存在、此消彼长的状态。

实际上，恰恰是你觉得自己"不够好"的时候，最需要自我的宽恕、接纳与关爱。若你每次觉知都会对自己多一分理解，那么你正是在疗愈自己的内在小孩。

**第三，这个"突破证明"的你需要被支持**。自我反思很多时候并没有显著的效果，因为你随时要与评判者斗争，而评判者太过强大，强大到你不得不用讨好模式生存这么些年，因此你总被打败。你可能会说，我知道这些道理，可还是没能发生变化。这是因为那些过往的评判者、苛刻者、贬低者早已在你心中生根发芽，十分顽固。你其实是在证明给自己心中的评判者看，好让他们不评判你——要想把这些声音覆盖，需要更强大的支持。这些支持除了你自己之外，还有你的伴侣、孩子、朋友、心理咨询师，以及各类书籍、课程……这些都能为你提供支持，但你需要有意识地去寻求支持。

支持者总是在你被评判占据时告诉你"那不是你的错"；总是在你情绪低落、躺平时告诉你"你可以这样"；总是在你叛逆反抗时坚定站在你这边，告诉你"你就应该这样"；总是在你愧疚时告诉你"这只是成长的副作用而已"……

几年以后，这些声音会在你心中"生根发芽"，慢慢覆盖之前评判者的声音。在那时，你也许还在证明自己，但不那么内耗了；你也许还是在意别人的评判，但不那么恐慌了；你有了更多的生命选项，比如可以内卷，也可以躺平——你什么都没变，但所有这些评判都不再能够轻易扰动你，而这就是改变。

如果你非要问我什么才是"改变与成长"，那么我会说："在繁杂的、限定的、评判的、攀比的环境里，尽可能地让自由多一点、真实多一点。"只是要对自己多点耐心，给自己足够的空间，对成长而言，"慢，即是快"。

如同小夏，随着心理咨询与个人成长，她一定会慢慢发展出真实的动力，那种动力源于内心深处，而非证明给别人看。所以我们知道了，所谓"躺平"，只是小夏不想再证明自己了，或者潜意识认为"证明得已经足够了"。当然，"小夏"只是虚构的，她是我们的一个缩影。

在我看来，王阳明的"知行合一"是指"不再试图证明自己，因为自己就是自己"，即内部的认知与外部的行为表现高度一致，不需要向外界证明自身认知的对与错、好与坏。这很难，也许我们终其一生都在内部与外部体验一致中寻求平衡。但有一点需要注意，内外平衡、知行合一就好像一个气泡,无论是外部刺激过大还是内部张力过大,气泡都很容易破灭,而平衡的重点就是前文提到的"觉知"。

## 守好心中"榜样的力量"

两年前,三十七岁的凌凌找我的时候,称自己没什么问题,只是想要心灵成长,感受一下心理咨询的魅力。我觉得很有意思,就请她多说点。

她说:"其实吧,我有两个朋友,她们化解了我好多的苦恼。她俩彼此不认识。一个朋友比我年龄大不少,是某个心理课上的同学,但看起来比我还年轻。她不仅事业做得大,带娃还有智慧,人家孩子现正在顶级学校读研呢!更让我钦佩的是,她学东西特快、遇事不慌。有次课程讨论环节,她被几个同学'围攻',居然面不改色心不跳,巧妙地一一击破,若是我早就怂了。从那之后,她就是我的偶像!"凌凌说到这,神采飞扬,好像她自己就是这样,有种扬眉吐气的畅快感。

"但我和陈姐很少联系,对,我叫她陈姐。除了一年有两次上课，其他时间基本都不联系，有时她联系我，我居然会有点，怎么说呢，有点小激动、小紧张，怕自己表现不好。"说到这里，凌凌不好意思地笑了下，之后似乎有点沉重。

只是片刻，凌凌眉毛一挑继续道："但小美就不同了，她是我的另一个朋友，认识五年了，是孩子同学的妈妈。说是小美，其实和我是同龄人，她的生日还比我大呢。但她给我的感觉很亲切，我在她面前就完全放松，有时还会对她发一通脾气。我不怕，因为我能给小美带去情绪价值，这话可不是我说的，是小美亲口对我说的，她还说离不开我，总想让我开导开导她，真好。"凌凌此刻的笑容很微妙，有点享受，有点不屑，还有点得意。总之，我觉得凌凌在小美面前更自信。

凌凌当时的这番话也让我陷入了沉思，甚至我在想自己有没有这么两个朋友，一想吓一跳，居然还真有，然后我在脑海中又搜寻了一遍其他几个来访者。她们居然也都有。我也想到了一些父母会经常教育自家孩子不要和某某玩，要多和某某玩……

类似于陈姐和小美这两类朋友，表面上感觉好像是两个类别：一类是"比我厉害的"，另一类是"不如我厉害的"。但我们总会发现，自己和不如自己厉害的在一起时间更多，而和比自己厉害的在想象层面交集更多、现实层面交集较少。就像家长越不让孩子和成绩不好的孩子玩，孩子反而和他们玩得更多；家长越鼓励孩子多与上进的、成绩好的在一起，孩子反而越不理他们。

我把以上描述的这两类朋友，称为**"理想化客体"**和**"被理想化客体"**。所谓"客体"，是一个心理学术语，你可以简单理解为"另外一个人或物"。

**"理想化客体"的特点是：**

○ 你认为他比你优秀，无论是在世俗成就（学业、工作、金钱、容貌、地位、专业能力）方面，还是性格（一般指为人处世的态度）上，他似乎都比你更出色；

○ 在日常生活中，你总回想起他的样子，遇到事情会猜想如果是他，他会怎样处理；

○ 你总在内心与他暗暗较劲，也会以他为榜样，继而引发各种情绪；

○ 偷偷关注他的一切，却不表现出来，也不愿让别人发现；

○ 没有觉察到自己在潜意识中对他的嫉妒、愤怒、贬低；

○ 不轻易同他见面，因为每次见面都会产生压力。

**"被理想化客体"的特点是：**

○ 至少在某一领域，你觉得自己比他更优秀，最低也不比他差；

○ 很喜欢与他见面，无聊时也总联系他；

○ 当你们遇到分歧，多数情况是你说了算；

○ 在他面前，你会有照顾、帮助、谦让、指导，以及同情、调侃的心理；

○ 和他在一起会感到更放松，会觉得自己没那么糟；

○ 只是你这么觉得，对方并不一定这么想，比如你认为比他优秀，他不一定这么认为，但这并不重要，重要的是"在你心里就是这么认为的"；

○ 以上多数是潜意识的，而意识上你更愿意相信，你

第三部分　自洽而内求，向着原本的自己生长

们只是聊得来。

这两类朋友不一定非得是特定的两个人，也许是几个人或一群人。我以为，**每个人都需要有"理想化客体"和"被理想化客体"**。前者会给你动力和勇气，给你生活的目标和意义；后者会让你更活在当下、对自己更满意。

人生不就是这样度过的吗？一方面，我们要上进、积极、自律、优秀，要不断达成目标；另一方面，偶尔的懒惰、消极、颓废、没目标也是可以的。我相信"人性本惰"，除非对自己很不满意，否则很少有人愿为变得优秀而苦苦奔波。但事与愿违，对多数人而言，对自己的"不满"大概率会超过"满意"，而从不满到满意的过程，便是每个人所追寻的意义感。

在追寻意义感的过程中，人们必须要有某种动力推动自己前进，既要有让自己优秀的动力，也要有让自己懒惰的动力，只是后者往往被人们称之为"理由"或"借口"。实际上，这些借口和理由更是一种动力，没有它们，你很难说服自己甘于现状。而动力仅仅依靠本人难以维系，最好有他人共同承担。

譬如，注重成绩的孩子总盯着前几名的孩子、注重游戏的孩子总盯着高手玩家、运动员总盯着跑在他前面的人、凌凌总盯着陈姐、你可能也总盯着行业内的佼佼者，等等。每一种情况中，人们都在理想化他们的目标，这些人成了他们的"理想化客体"，与其共同分担动力。对于他们来说，客体最好别离太远，也别离太近——太远与自己无关，太近则没机会。

除了这个动力之外，人们通常更喜欢另一种动力，譬如孩子尽管总盯着前几名，但让他真正窃喜的是成绩排在他后面的学生。故此，有这两类朋友做参照物，才会让人内心平衡，不至于因上进而无比疲惫，也不至于因懒惰而惶恐不安。

无论"理想化客体"还是"被理想化客体"，都源于"认同"。"认同"也是一个心理学术语，你可以简单理解为"榜样"。一个人在早年最好要认同养育者。这个养育者，也许是父母、祖父母、亲戚、老师等，当然，最好是同性别的父母。比如，一位称职的母亲会为自己的女性身份而自豪，能够喜欢并胜任母亲的角色，能够认可自己的身体特点和性格特点，也能处理好与伴侣的关系。她能够有能力获得伴侣的爱，同时并不觉得受宠若惊，也能给予对方这样的爱，并在自己没有这些能力的时候依然自信。更重要的是，她能够欣赏女儿，能呵护女儿的情绪。她与女儿之间的互动是轻松自在的，即便有冲突也绝不会羞辱、贬低女儿，她会允许女儿展示攻击性，允许女儿展示魅力——那么，这样的母亲就很容易被女儿认同，并且女儿会想要成为像母亲一样的人。随着女儿进入青春期，她会认为自己完全可以超越母亲，成为更有魅力的自己，继而逐步放下母亲这个榜样，走向更辽阔的世界。

父母更要有让孩子认同自己的能力。无论以身作则还是言传身教，孩子必须对其中至少一人认同，这就是理想化的过程，父母则成了孩子的"理想化客体"。这会给他带来各种健康成长的动力，帮助他应对各种情境。

这样的孩子长大后也更愿成为别人的理想化客体，就是我谈到的"被理想化客体"，而且随着自己成为别人的榜样，他会得到更大的认同，继而获得价值与尊严，也对自己越来越满意。但事实是，很多父母做不到上述要求，甚至反其道而行之，比如指责、贬低、羞辱孩子，使得孩子缺失了这个理想化父母的过程。

对于这样的孩子来说，在他以后的人生中，很容易幻想出"理想化客体"。通常情况下，这个幻想的客体与父母本人的特质或对待孩子的态度相反：父母暴力，幻想客体就是温和的；父母懦弱，幻想客体就是充满力量的；父母关系疏离，幻想客体的关系就是亲密的，诸如此类。

一旦他们把幻想投注于现实中的某一个人，就很容易轻信并去追随他，误以为这就是自己真正的理想化客体——但幻想绝不可靠，让人无法认清对方本来的面目，因此很可能受伤，这也是有人总遇到"渣男"或"渣女"的关键因素。

这两种并不是真实的"理想化"和"被理想化"，而是某种变形，某种无法认同、无法依靠的变形，属于盲目状态，其呈现出来的现实总是让人感到不够、不满、自我消耗，以及很深的孤独感。

"被理想化"的感觉很好，无须过多分析，只管享受其中，并尊重对方即可。而"理想化客体"则要经历这四个过程：维护、破碎、超越、重建，并不断循环往复。

● **维护**：你不会让他人或自己去破坏这个人在你心中的地位，即便别人说他不好，你不仅不信，还会为其辩解，以此维护心中的权威感，尽管别人说他不好时，你也有点小开心。这个过程很长，取决于你对自己的满意度。

● **破碎**：随着你对自己的满意度越来越高，对方的形象也越来越淡，就像一个少年有了真实的力量，就不会觉得父亲有多强壮，甚至会觉得过去那个崇拜父亲的自己很可笑。破碎是成长的标志，也是失去的过程。英雄逝去的那一刻，你才有可能成为英雄。

● **超越**：起初你不敢翻越这座山，因为你不知道山后面有什么，后来你鼓起勇气翻越山丘，才发现还有群山等候。无论如何，此刻你就站在过去那座山的山顶，在人生这个阶段，你超越了它，成为了自己。那座山就是你曾经的理想化客体，但别忙着继续翻越，先享受超越的乐趣。因为每次超越都是一次自我实现，都会带来巨大愉悦感，人生的意义莫过于此。

● **重建**：人之所以生生不息，就是能在理想化破碎之前，建立新的理想化，再破碎、再重建，这是人类进步的源泉。事实上，在你短暂人生中的关键时刻，恰恰就是你破碎和重建的那几次而已。

而在这四个阶段中，最重要的是"维护阶段"。因为每个阶段的"理想化客体"都是"你无法活出的自己"。

你的仰慕和嫉妒皆来源于此，你的嘲讽与贬低更是对自己的不满，很多时候，理想化客体就是你自己，只是你把这个部分投注给了另一个人，便于你去"使用"它。是的，"使用"理想化客体很重要，但凡你"拥有"了这个人，就拥有了"使用"他的权利。

使用他的前提，就是要维护他、珍惜他。因为在你内心没有强大到离开他的时候，他碎了，你就碎了。就像被父亲举过头顶的孩子，父亲是孩子的理想化客体，孩子是开心的、骄傲的、自信的，而此时若有人把父亲踹倒，摔得最惨的是孩子，他的自信会碎一地，快乐也变成了创伤，修复起来十分困难。

就像凌凌女士小时候无法被母亲认同，也无法认同自己的母亲，她长大后就会寻找认同的人（理想化客体），建立某个女性榜样的力量（陈姐），以此来修复创伤。为了更好地修复自己，她还寻找到了小美，以及后来的我（心理咨询师），我们共同形成了一种综合资源，帮助她寻找内心那份在早年丢失的坚定、自信、执着、希望。当一个人内心拥有了这些品质时,他就会慢慢形成自我认知体系,就能较为轻松地应对责任与压力,在生活上也就没那么内耗。

## 第九章　困扰女性的两个普遍议题

"不可爱的女人不是女人""丑女不是女人""平胸的女人不是女人""绝经的女人不是女人"……这种句式，可以无限地写下去，无论代入什么词，最终都能归于一个简要的命题："不能刺激男人欲望的女人不是女人。"

——上野千鹤子《厌女》

第三部分　自洽而内求，向着原本的自己生长

## "性别歧视"与"性骚扰"

在前面章节的描述中，那些愧疚感、确定感、独处与亲密、原生家庭的焦虑、优秀的标准等现象，或许在女性身上表现得更明显，但也同样影响着男性。在本章中，我想简单谈谈两个经常困扰女性的议题：第一，性别歧视与性骚扰；第二，容貌焦虑与衰老。我们先来探讨下前者。

作为一名男性心理咨询师，我并不自认为是女权主义者或男权主义者，但在我的来访者中，百分之九十以上都是女性。在我与她们十多年的咨询工作中，如果说哪些困扰是她们普遍面临的，我认为第一是伴侣关系、亲子关系，第二就是性别歧视与性骚扰。

我们先来看看K女士的故事：

K女士从出生就被嫌弃，在父辈、祖辈期盼有个男婴降生的时候，她来到了这个世界。在她很小的时候，父母有过两次把她送人的念头，仅仅是因为她生病了而父母不想花钱，若不是有个亲戚劝阻，也许她早就不在这个家中了。但

那些嫌弃的、排斥的态度一直在延续。在K女士十岁时，父母抱养了一个弟弟。在她的记忆中，家里吃饭都是分为两桌，一桌坐着爷爷、爸爸和弟弟，另一桌就是她和姐姐，而母亲除了喂弟弟就是各种忙，直到大家都吃完，母亲才能一边收拾碗筷一边将就吃点。为了供弟弟读书，父亲中断了K女士的学业，K女士被迫十六岁就外出打工。尽管如此，K女士觉得自己也是有价值的，因为每次给家里寄钱总会被表扬。长大后的K女士依靠自己的工资坚持完成了高中和大学学业。关于感情，追求她的男孩子都被她的疏远拒绝了，直到三十多岁才匆忙与现在的丈夫结婚，丈夫是个老实人，她们的儿子刚满一周岁。

K女士有很多困扰：她很自卑，总觉得低人一等；她在单位是干活最多的那个，别人对她表露一丝善意，她就会"加倍报答"；害怕与男性接触；脑海中总有些"邪恶念头"，比如担心自己会伤害儿子、担心儿子窒息死亡，特别是在她独自照顾儿子时。另外，K女士遭受过多次性骚扰，骚扰者有同事、领导、学校老师，也有陌生男子。有段时间，由于害怕遭到男性的骚扰，她都不敢乘坐交通工具。

第三部分 自洽而内求，向着原本的自己生长

K女士越来越紧张，最终因为停不下来的强迫性念头找到了我，这些念头又多又顽固，她根本控制不了，比如，担心后面有人尾随，担心被窥视、被侵犯，担心养不活儿子，担心丈夫出车祸，担心被裁员……

通过K女士的遭遇，我们往往可以洞见以下几点：

**第一，在众多歧视链条中，"重男轻女"似乎是最普遍的。**

尽管"人人平等"和"女性主义"的呼声愈发明显，但性别歧视的问题仍时隐时现。在我接触过的案例中，有许多像K女士一样的女性，她们都是在一个重男轻女的环境中艰难长大的。

在某些家庭中，传统的性别角色观念，如"男尊女卑""养儿防老""嫁出去的闺女泼出去的水""儿子是自己的，女儿是别人的"等，仍然根深蒂固。此外，这些观念在一些社会实践中也有具体体现，如"孩子跟随父姓""女儿不能祭祖、不入祖坟""男性结婚需要买房和提供彩礼，而女性只需要简单的嫁妆""儿子结婚张灯结彩""女儿嫁人哭哭啼啼"。在一些地方，这些差异化的对待和期望，往

往被视为传统的一部分，有时甚至被视为不容置疑的规矩。

**第二，"重男轻女"是会代际传递的。**

如同生了两个女儿的K女士的母亲好像犯了重罪，吃饭都不上桌，在家族里抬不起头的同时也跟着男性一起嫌弃女儿。被嫌弃的K女士久而久之也产生了"自我嫌弃"的认知，从此变得自卑，也对男性产生了恐惧和回避心理。为什么K女士会产生伤害自己儿子的念头？这多半是因为她不懂得如何与男性打交道，不知道如何抚养与自己不同性别的孩子，也有可能是她将"对男性潜意识的仇恨和愤怒"控制不住地投射在儿子身上。"代际传递"就这样以一种非常模糊的方式悄然进行着。

另外，K女士对儿子的"潜意识攻击"也代表对男性的一种反向歧视。有些女孩长期被男性歧视、贬低，甚至虐待，其成年后往往对男性充满攻击性。在极端情况下，这种敌意可能会无意识地转移到下一代（男孩）身上，从而变成"重女轻男"。这就是代际传递里面的负反馈循环。

**第三，性别歧视的又一外在表现是双重标准。**

这个双重标准体现在两方面：利益双标与道德双标。比如前文提到的一些人对生男生女的态度，有人可能会半开玩笑地说："你家生了个千金，真享福啊。"其言外之意可能是生女儿可以节省开支，因为在这种人看来，父母可以不用为女儿准备房产、彩礼，并且还能获得男方的彩礼。但这种人的内心往往是窃喜的，因为他们家有儿子，可以延续自己的家族血脉。而被"恭维"的一方也可能并没觉得享福，相反，他们的内心可能会产生"生了女儿就被人瞧不起"的自卑情结。我认识一些家庭，他们将一辈子的积蓄都用于儿子，似乎给儿子置地、买房、娶媳妇就是他们此生的任务，而往往忽视自己的女儿。这就是利益双标，是一种赤裸裸地对人的物化。

"道德双标"则更隐晦，伤害性也更大。道德双标指的是在相同或类似的事件上，对男女的道德评价标准是不同的，准确地说，对男性更宽容，对女性则更苛刻，比如：

○ "性"：大多与"性"有关的问题，被谴责、诋毁的往往是女性，如职场性骚扰、婚前性行为、婚外情等。

○ "精英阶层"：如果一个男性具有高学历、高能力、高收入，人们往往啧啧称赞，而如果一个女性拥有这样的能力，人们往往会猜忌多过羡慕，若这位女性长得再好看点，这种猜忌就会被进一步强化。

○ "做家务与陪孩子"：当家里凌乱不堪、当孩子出了问题，人们往往首先谴责的是家中的母亲，而非父亲。

○ "对母亲角色的苛刻"：给母亲的标签往往是"善良的""伟大的""包容的""勤俭的""坚强的""无私的"，这些词语反映了人们对母亲角色的苛刻期待，就连孩子们在作文中也多是用这些词来形容母亲的。

○ "年龄差的恋爱"：大龄男性与年轻女性在一起被认为是正常的；而大龄女性与年轻男性在一起多半不会让人这么想，更多的是对这名大龄女性进行道德歧视。

这样的例子有很多，道德双标若隐若现，会无限蔓延，直至形成某种无形的网把女性牢牢困在其中。女性不得不一方面更加努力维系日常的生活，另一方面则消耗心力在对抗性别歧视上。如同K女士一样，她不得不更加拼命学习、工作来证明自己的能力。

**第四,"性骚扰"是最严重的性别歧视。**

这是一个很悲凉的事实,在我服务过的女性来访者中,绝大多数都遭遇过不同程度的性骚扰。如果抛开原生家庭的影响,我认为男性对女性的性骚扰往往是由于他们在物化女性——把女性当作"欲望满足的工具"来使用。

事实上,并不仅限于前来寻求心理咨询的女性,女性面临的性骚扰问题比我们想象得更常见——学校的男生宿舍、男性的聚会、各类饭局酒会等场合,女性总是会成为男性谈论的话题。他们或许会以一些看似轻松、幽默的口吻来调侃女性,但在言语背后极少抱有尊重平等的态度。似乎通过谈论女性,他们可以很快速地获得一些愉悦感、成就感和满足感。倘若在某些场合中有那么一两位女性,那么她们便很有可能成为被关注的"焦点"。而此刻的女性除了沉默,也几乎只能选择被迫回怼或配合。

请记住,无论是言语、表情、态度,还是行为的骚扰,都属于性骚扰,而不仅仅只有身体接触。性骚扰通常是基于对性别角色的刻板印象和权力的不平等,而这些往往源自性别歧视。另外,女性面临的性骚扰问题很大程度上也受社会性别资源不对等的影响。虽然已经有越来越多的女性开始担

超负荷的女性：看见内心的渴望与恐惧

任领导者的角色，但我们不可否认，某些职场中仍然存在性别的不对等，涉及职权、利益等方面，也因此滋生了诸如权色交易、办公室性骚扰等问题。

在现实生活中，女性往往更容易成为性别歧视的受害者，而"对受害者的道德绑架"让女性在遭受性骚扰或性侵害时，更多选择了沉默。"一个巴掌拍不响""苍蝇不叮无缝的蛋""谁让你穿那么少"……这些对受害者的道德捆绑会激发女性对自身更大的羞耻感，甚至影响她们的自尊。当养育者、最信任的人也持有这种态度的时候，被侵害的女性就陷入了极大的恐惧与孤独中，不得不选择沉默和回避，而这种沉默和回避反过来又会更加激发加害人之恶——性骚扰恶性循环、更加频繁。

所以我很欣赏那些站出来发声的女性，这需要莫大的勇气，我也呼吁更多女性支持和声援彼此，因为你是在为自己发声！对于遭受过性骚扰、性侵害的女性，我建议你们不要选择原谅、忽视、沉默、回避，因为这种事就像家暴一样，有第一次就会有无数次。最起码，你们要有人分担、倾诉，若没有兜底的人，最好寻求专业人士与警察的帮助。

一旦性骚扰、性歧视在一种默许的态度下持续进行，当事人就容易形成心理创伤，并可能将这些负面经历内化为自我认知的一部分，比如认为自己是可耻的、肮脏的、罪有应得的，等等。记住，**这本就不是你的错，请不要自我贬低。**

如同著名女性研究者上野千鹤子对女性的忠告："不要为几毛臭钱就脱裤子；不要在不喜欢的男人面前张开大腿；不要被男人奉承几句就当众脱成裸体……不要因为成了自私男人的欲望对象就喜上云霄、忘乎所以；不要依赖男人的认可而活着……不要掩盖自己的喜怒哀乐；不要……再这么作践自己。"[1]

## 容貌焦虑与衰老

相比较男性，女性往往更在意"容颜与衰老"，很多现象在佐证这一点，比如在女性群体中持续风靡的减肥瘦身热潮、不断更新迭代的美颜App和拍照滤镜、逐渐普及的医美项目，等等。我曾听闻这样一句话："男性照镜子时会自我感觉良好，而女性照镜子时会觉得自己还有很大的变美空

---

[1] 上野千鹤子.厌女[M].上海：光启书局，2023:288.

间，即便她是人们一致认为的美女"。

导致"容貌焦虑"的因素有很多，有人认为爱美是女人的天性（谁能解释这天性从哪来？）；也有人觉得"女为悦己者容"（谁能解释在取悦谁？）；还有人觉得"这会让女性越来越爱自己"（谁能解释这种自爱？）。

我不是一个女性研究者，但从心理咨询师的角度而言，我觉得容貌焦虑的普遍原因或许有以下两点：第一，性别角色的刻板印象。"美丽""漂亮""年轻""妩媚""清纯""可爱"……似乎一直是用来形容女性拥有魅力的词汇。这些近乎刻板的观念在潜意识地传达一种思想：相比较容貌而言，经济地位、学历学识对女性来说似乎不太重要。不知道你是否有过这样的体验，或是身边人有过相似的遭遇——一个在各方面都非常成功的女性，却因为没有姣好的容貌，而被评价为"少了点女人味，没有魅力或性吸引力"。

第二，媒体舆论放大容貌焦虑。我们经常可以看到在一些社交媒体平台上，各色言论宣扬着女性有权展示魅力，女性需要活出自我，无须压抑、隐藏性魅力，女性无须容貌焦虑。然而，这些言论的配图往往是精心修饰过的美丽面孔，或是过于纤细的身材。这种"言行不一"的内容无疑在潜移默化地制造容貌焦虑，制造出更加严苛的"美丽标准"。而近些年兴起的医美技术似乎为人们提供了"变美的捷径"，这也使得人们对美的定义变得更加单调和狭隘。当自己的容貌与主流审美并不一致时，焦虑就开始产生。

尽管容貌焦虑存在于女性各个生命阶段，但不得不承认，"人到中年"似乎是这种焦虑的集中爆发期，如同美国心理治疗专家朱迪思·维奥斯特在她的《必要的丧失》一书中说的："我该如何应对中年危机？早晨还是一个十七岁的少女。我才刚刚跳起贝根舞，就已经成了一个失去活力的妇人。"[1]

是的，"韶华已逝，美人迟暮"，随着中年的到来，有一个客观现实被命名为"更年期"。女性更年期形容的绝不只是皮肤松弛、牙齿松动、脚底发凉、皱纹增多、乳房下垂、腰围变粗，更意味着"某种吸引力"正在失去，意味着某种无奈与不甘。就像我的一位女性朋友说的："一个有魅力的男性喊了一声美女，回过头发现他叫的根本不是我，于是，

---

[1] 朱迪思·维奥斯特.必要的丧失[M].吴春玲，江滨，译.南京：江苏人民出版社，2012：253.

我哑然失笑。"这真是一件令人唏嘘的事情。

女性到了中年或更年期还意味着"对自己的不接纳"，这种不接纳并不是某种勉为其难的自我关爱，而是感受到"失去了"，并因此引发了恐慌感。这种恐慌让许多女性把中年或更年期误认为自身的一种缺陷，且是无法改变的。这的确令人沮丧，很多女性把这类丧失归罪于自身，尽管其实岁月无痕，并非个人之错，但就是难以让人接受。

于是，很多女性朋友会想要抓住点什么。无论是对容颜的调整、对即将离家孩子的难以割舍、对生理期的复杂体会，还是对爱情、幻想、憧憬、回忆之类的再次激活，这些都让她们感觉"似乎抓住了青春的尾巴"。另外，曾经引以为傲的另一半也开始发福、谢顶，周围的朋友也开始遭遇离婚、婚外情、健康问题，甚至亲友也开始离世，这一切似乎都在意味着：属于你的少女时代一去不复返了。你不仅看见了衰老，就连从来没有想过的"死亡"，似乎也在若隐若现。

面对这一切，我们需要"一种释然""一种和解""一种新的使命"。据我所知，大量女性来访者以及很多女性同行正在用她们特有的方式活出"新的自我"。对此我拿来分享，也许有一定借鉴意义：

**第一，建立婚姻之外的亲密关系。**这绝不是指婚外情，而是指某种"同质化的圈子"。大量的科学研究表明，相比男性，女性更渴望建立亲密关系。中年以后，更多自主的女性开始建立让自己安全的、舒适的人际圈子。女性开始在犹豫中摒弃以前消耗的关系，发生从"我应该怎样"到"我愿意怎样"的转变。

譬如，有位女性朋友热衷于登山，"每个周末都会约上三五好友登山，那感觉棒极了，好像比自己年轻时更有活力"；也有个女性同行出入寺庙，"喜欢那种伴有佛音的宁静，吃一顿素斋，和各位同道抄抄佛经，仿佛时间静止了，不再感觉到岁月流逝"；有很多女性来访者选择了"团体成长"，参加了我一直举办的"内在小孩训练营"，她们在这里形成了各种小圈子，并"找到了很多小孩子，就像自己的内在小孩，不管生理年龄有多大，我们都很单纯，都很直率，都任性地表达着喜怒哀乐"。是的，我有一个观点：虽然我们的生理年龄无法更改，但心中的孩子始终如一，我们要做的，就是活出心中的那个孩子！因此，建立舒适的、支持的关系相当必要。

**第二，做些年轻时不能做的事情。**这一点有挑战性，但效果显著。譬如，一位来访者开始了骑行，一个人骑着一辆自行车游走在各个城市，累的时候就找个民宿住下，"很有情调的那种"，她笑着强调，然后在那里喝啤酒，与陌生人交流、唱歌。有位来访者选择回到大学校园，她在大学时期有许多遗憾，"如今我就是在补偿，犹如时光倒流，与大学生在一起重改过去的缺憾"。有位同行买了辆加长面包车，改造成了自己喜欢的模样，给它取名"花房"，带着最心爱的狗狗踏上了旅程，"我要出去，任何地方"。有人热衷于恋爱，离婚后的晓晓掩饰不住喜悦，脸上泛着少女之光，说道："没有恋爱我活不下去，这种生活是我年轻时难以想象的，我喜欢同男性谈情说爱。"也有很多人选择了独处和书写，我有本书叫《心灵书写》，很多来访者跟随我在书中分享的内容，去到各式各样的地点写作、记日记、涂鸦，其中一位这样说道："不同地点的书写就像描述我平行时空中的青春。"也有人搬到老家的山上，种菜、种树，日出而作、日落而息，过上了一种"农耕生活"。也有人开始了直播带货，就卖自己喜欢的东西。还有人开启了"学霸生涯"，参加各种课程，在各个城市游学……是的，这些都可以！我想说的是，抵抗容颜衰老的关键不在于衰老本身，而在于那种义无反顾、随心而动的自己！

**第三，重塑"不满意的婚姻"。**也许除了容颜与衰老，除了以上描述的各类事情，更让女性没能量打开新生活的正是她们的婚姻。在人生的后半场，许多女性开始重新建构自己的婚姻关系，重新在婚姻中找到属于自己的位置。许多来访者正是在这个时期找到了我，她们摆脱了物质束缚，或者说她们更愿把钱花在精神层面而不是买几件衣服、首饰。她们开始"成熟"，更愿意探索自我，研究内心，觉知内在小孩，重塑以往糟糕的婚姻关系。事实证明，多数人收获了满意的结果，她们可以开启另一种可能性，这是一段值得骄傲的历程。如同《必要的丧失》中的这段话：

以前的共谋关系[1]被抛弃了，他们开始真正地接受对方以伴侣的身份出现在婚姻生活中，所以代替共谋关系的是一

---

[1] 所谓共谋关系，指的是"对方要符合彼此内心某种幻想的角色标准"，一旦处在共谋婚姻中，对方就不是完整真实的伴侣，或许还有幻想中的父母角色、照料角色、支配角色、监督角色等，也相当于前面章节描述的投射、代际传递等关系模式。

种基于这种接受的新关系。配偶不再被视为神话的创造者，不再被视为神，不再是母亲、父亲、保护者，不再是监察官。他已经成了另外一个人，一个具有完整的情感、理性、力量和弱点的人，试图在真正的友谊和伙伴关系中寻求有意义的生活。随着这种新动态的出现，婚姻关系可能会变现为多种不同类型：他们可能平时各自独立生活，只会定期聚在一起，作为他们彼此互相联系的纽带；或许他们会完全共享工作和休闲时光；或许他们会表现为这两种极端关系之间的各种类型。无论婚姻关系表现为哪种类型，双方都是平等的，夫妻间的关系不存在地位和等级之别，也不需要有人放弃自我。[1]

正如前文所谈及的，性别歧视与性骚扰、容貌焦虑与衰老或许是每个女性都会遭遇的问题与挑战。我们很难改变他人的思维，却可以强大自己的内心，因此试着去摆脱刻板印象的束缚吧，请记住，人人生而平等，并不应该因为性别而

---

[1] 朱迪思·维奥斯特.必要的丧失[M].吴春玲，江滨，译.南京：江苏人民出版社，2012:565.

产生差异对待，**我们首先是一个具有独立人格、复杂人性之"人"**，其次才是一个性别上的女人，或男人。

# 第十章　觉察内心，开启疗愈

不断觉察的过程，

就是心灵成长的过程，

就是疗愈的过程，

就是告别过去自我、

迎接新生自我的过程。

——冰千里《孤独之书》

第三部分　自洽而内求,向着原本的自己生长

## 过年回家是觉察内心的最好机会

"春节"是回家团圆的日子,也是很多人焦虑的日子。从进入腊月开始,我的许多学员和来访者就表达了这种焦虑:

○ "真希望加班,因为我不愿见父母。"
○ "单身习惯了,很怕他们催婚,根本不管我的感受。"
○ "至今我还拉黑我妈,该找个什么理由不回去过年呢?"
○ "我最讨厌走亲戚,一年都不说一句话,还要装作很亲切。"
○ "婚姻早就名存实亡,实在没法成双入对。"
○ "上个月还和儿子吵了架,也不知过年他回不回来?"
○ "我爸走了七年了,看到别人团圆,我最想他。"
○ "我们老家有过年上坟的习俗,每次给我妈上坟,

心情都很难过,像被掏空了。"

"过年我爸妈总吵架""看着我哥和我弟几家人,感觉我像个局外人""混得太差劲,没脸回去,怕被笑话""讨厌碰见我大舅""过年的热闹,让我越发孤单了""过年很无聊"……是的,越来越多人对回家过年感到焦虑,因为他们可能要见不愿见的人,说不愿说的话,做不愿做的事。

而我将告诉你一个新的视角:"别怕过年,别怕回老家,这是你探索内心、疗愈自我很好的机会。"平常工作或照顾孩子的忙碌日子是你逃避内心最好的借口,而春节期间,你则没了这些借口,当伴侣、孩子和父母都真切围绕在你的身边,你不得不审视与他们的关系,不得不应对各种复杂情绪。探索自我需要直面真相,哪怕它会让人羞耻和恐惧。既然"过年"给了你这个契机,何不借此好好探索自我呢?

事实上,你已经在做了。比如先前列举的那些话,焦虑通常伴随着反思。纠结是否要去看父母,就会思考与父母的关系;犹豫要不要与伴侣装作亲密,就会反思婚姻质量;感到孤单,那么就会思考孤单的来源……这样的思考有两种作用:

第三部分　自洽而内求，向着原本的自己生长

**第一种，提前演练**。就像模拟考试次数多了，正式考试时就不那么紧张了。对焦虑的思考，其实是在寻求化解焦虑的方法。比如对假性亲密的思考中，你到底在怕什么：怕面子过不去？怕伤害孩子？怕离开对方，自己活不了？怕对方会报复？怕别人说闲话？怕遇不到懂你的人？怕良心受谴责？怕孤单？

无论如何，通过直面恐惧，你会理出一些思路，包括认识到自己的需要和获益。比如，在亲密关系中伪装出亲昵的样子，但实际上内心却是孤独的。伪装能让你觉得安全，让你在形式上不孤单，让其他人看不出你的异样——这让你的"伪装"有了继续下去的理由，手挽手走亲访友也不至于令你感到过分的尴尬、恶心。此外，提前演练能让你理解自己内心的需求，了解到自己是多么渴望遇见一个真正懂自己的人。

**第二种，看见自己的"内在小孩"**。一开始，你也许会因为这些焦虑、抗拒而自我谴责，觉得自己过于懦弱无用，接着你可能会感到难过，继而你需要去想：难道我不该善待这个无助的自己吗？因为这就是你的内在小孩，平常被你的忙碌和借口藏在角落里，如今面对暴露，便充满了恐惧。事

实上，这份恐惧一直存在，只不过你不愿看见。

而一旦看见，你就要尝试靠近自己的内在小孩。就像现实中，当一个孩子感到害怕，你难道还要去指责他、抛弃他吗？不，你要去安抚他、拥抱他，并告诉他"别怕，让我们一起面对吧"。比如"我最讨厌走亲戚，一年都不说一句话，还要装作很亲切"，实际上，这么想的人正是你的内在小孩，他渴望能有真实的关爱，而非走一个虚假的过场。

比起指责他不懂事、不热情、不礼貌，你更应该看见他的渴望，并尊重他的意愿。给他一个自主选择的机会，就是你对内在小孩真实的关爱，也是对自己真实的关爱。

"过年焦虑"主要来自关系，特别是与父母、兄弟姐妹的关系，因为这就是你的原生家庭关系。从精神动力学角度来看，人们的关系模式和困惑主要来自原生家庭的影响。因此，当成长到某个阶段，你会意识到原生家庭带来的不仅有爱，还有伤害。在这个阶段中，你或许总对父母充满怨恨，更不想见他们，而"不见"其实是在通过冷暴力表达攻击，也是在保护自己免于情绪失控。然而，过年回家却难以避免与他们相见，这让你左右为难、难以抉择。

**第一种选择是不回家、不见父母。**事实上，就算不回家，你也阻止不了心中的念头，所以我建议把它们写出来，就像写日记，就像心灵书写，在那里，你与父母相见，而我认为这样好过你逼着自己在现实中去和父母相见。写下来之后，念出来，或者找几个同道中人念给彼此听，再相互给予反馈。这样的方式伴随春节的仪式，效果会更好——所谓效果，不是原谅父母的效果，而是自我原谅的效果。

**第二种选择则是见面。** 无论如何，很多人越不过道德层面的要求，所以总是不得不顺从，不得不回家见父母、走访亲戚。但需要明白，即使你做了第二种选择，你也不是被动的。你可以变被动为主动，即使不情愿，但也可以把这当作一次"心灵探索练习"，让你的各种关系互动变得富有意义感和成就感。

**比如，"挑战固有关系模式练习"。** 列出你最不想见的人，试着去与排名前三位的人见面。有位女性来访者晴晴就曾对我提到，她最不想见面的亲人是她的表姐，因为从小到大，表姐无论是在学习、工作还是为人处世上，都处处压她一头。所以在这之前，晴晴总是设法回避与表姐见面，因为在表姐面前，她是自卑的，她无法忍受表姐的炫耀与耀眼，无法忍受人们围着表姐转，而自己就像个丑小鸭般呆呆地坐着傻笑或附和。

在咨询中，我建议她：

你今年可以走近她，试着不再做一个回避的旁观者，不再做一个牵强附合的傻瓜，而是拉着她的手，坐在对面与她聊天，试着谈得深入一点，互诉心事而不是家长里短。在这过程中，你会有很多收获：也许你会发现原来自己也被表姐所羡慕，也许你会发现她也有诸多无奈，也许你会觉得在内心深处，你们有相似之处，也许你会释然很多……

此外，你不仅要与她深聊，还要觉察整个过程中自己脑海里闪过的念头，以及各种复杂的情绪，并且留意身边人的态度带给你的思考。有空将其写出来，回味一下整个过程，其中你极有可能会遇见一个不一样的表姐，也会遇见不一样的自己，而后者正是练习的终极目标。

晴晴的情况只是一个典型案例，换成父母、其他亲戚乃至同学、朋友也同样可行。真正让我们痛苦而无法改变的其实不是对方，而是自己的固有思维。这种固有思维多年来在你心中已经成了习惯，因此很难突破。但是今时不同往日，因为你尝试着把关系互动当作一个"练习",这个练习的底层逻辑就是"跳出自己看自己",就是让你睁开第三只眼,好像你是一个导演,一号主角是你,二号主角是对方。你既在关系中表演,又在场外观察,这能够削弱你的恐惧,增强掌控感,从而帮助你获得不一样的关系体验。

这样的体验多了,你曾经的固有思维就会发生改变。即便你在练习的时候依然自卑怯懦,似乎看不出和之前的区别,但实际上已经不一样了,因为是你在"导演"这部片子。

**"自由联想书写练习"**。春节期间,你可以通过"按下暂停键"来进行自由联想练习。很多时候,你不愿意回家,是因为你无法接受父母对你的态度,比如无端的指责、抱怨,或者说些令你难堪的话语——"把你养大多么不易""你怎么那么不懂事"等。

类似于以上的态度会让你感觉自己很糟糕,也许以往你会岔开话题、装傻充愣、逃离,抑或是互怼和争辩。而我建议,你可以尝试换一种策略,选择"按下暂停键"。你可以尝试坐在那里,一边深呼吸,一边看着对方,留意纷乱的思绪。这并不容易,你需要提前做好准备,有意识地将这次相处当成自由联想的练习。

你只需要伴随深呼吸,把对方的话语当作某种背景,时远时近地浮现在耳畔,然后把你的精力用在"自由联想"上,观察此刻脑海中浮现的各种念头、想法、情绪,无论它们是悲伤、愤怒,还是恐惧、尴尬、不自然,都允许它们像白云一样片片飘来再片片飘去,你就只是感受着它们的来来往往,坚持5—10分钟,多练几次。这就是自由联想。之后,回到一个稍微安静的角落独自待一会儿,把刚刚一切写下来,再读出来,任由你的情绪肆意发泄。

如果你的情绪实在难以控制,可以缩短自由联想的时间,中途停住,转向你习惯的方式,比如回避和争辩,等事后有机会再继续写出来。不过,若是想要追求最佳的效果,最好在发生的那一刻进行自由联想。这种自由联想书写,其实是一种镜映和确认。

没有什么比当事人更能够激发自己内心心结的了。如果你对父亲一直耿耿于怀,如果他过年还会像往常一样指责你,那你极有可能会被激发同样的情绪行为。但是现在,面对同样的场合,你可以试着把对方、把这个环境作为一面镜子。这面镜子一次又一次确认了你的感受,确认了你一直以来困惑不解的问题，确认了你的心结，好像让你重新回到了从前的原生家庭，而此刻，成年的你可以用这种方式去保护当初那个无助的小孩。

这个练习有极大效果，能使你疗愈，即便过程也许会充满痛苦，但结果总是好的，因为你如今已经有了强大的"功能"，不再是早年那个无助的孩子。你把被动变为了主动，疗愈便自然发生。值得注意的是，这一切是在你的内心悄然进行，没有必要非得说给他们听，毕竟他们也听不懂。春节期间，他们只是你练习的某种道具，只是给你提供了最合适的练习环境。

**第三种选择，无法见面**。这种选择是被动的，当那个爱恨交织的人离世了，当你们还有某种祭祖的风俗，或者每逢佳节倍思亲，碰到这些情况时，你都可以采用**"想象对话练习"** 来调整自己。

这个方法，我每年都会用。我老家的风俗是年前祭祖上坟。每次在奶奶的墓碑前，我都会摆好贡品，点燃三炷香火，然后给爱抽烟的奶奶点上烟，放在供桌上，我也抽着烟坐在旁边，在心中与奶奶"见面"，说说话、唠唠嗑。整个一炷香的时间，我都陷入了某种沉思和对话里，那个时候，我会回到童年，回到回忆中，回到奶奶生前与她相处的点点滴滴中，有的画面浮现了一次又一次，有的画面则是初次浮现，其中伴随各种情绪，或伤心，或愤怒，或失落。我会允许它们的存在，并以此为话题和奶奶"交流"；我会允许自己表达最真实的心里话，我知道她也会允许的，并且陪伴着我。每次结束后的几天，我会感到心情复杂，之后则轻松许多，因为我通过与奶奶在"想象"层面的对话看见并理解我的内在小孩，不断解开心结。

我建议你也如此，但不要拘泥于形式。你不一定要回到老家，你也许在城市，也许在某个路边，也许在自己房间，无论是什么地点都不重要，重要的是，此刻过年的氛围让你想起了这个人，那便适合这个想象对话练习。

你大多数的爱恨与恐惧都来自你的不允许，亲人离世不代表你不能表达对他的失望和怨恨，相反，你尽可以自由表达，去看见你们之间的思念与纠缠——许多的分离故事是为了更好地与自己在一起。

或许，过年的最大意义并不在于现实关系的团圆，而在于你与自己心中的那个人的团圆，更在于你与自己内在小孩的团圆。

第三部分　自洽而内求，向着原本的自己生长

另外更重要的是，"过年"只是个象征，觉察内心是不分什么节假日的，而应该是每一个成长中的人的一种习惯。

## 迈向心灵成长

当我们能够觉察内心、理解内心的内在小孩、理解自己，这其实正是做到了改变痛苦的前提。

什么是"改变"？心灵成长中的"改变"可以简单理解为糟糕情绪被转化。这些"坏情绪"不知道何时冒出来，也许是孤独之时，也许是不被满足之时……它们出来折磨你，让你无所适从并痛苦。越来越多地理解自己，你就越能够转化这些坏情绪。

**理解自己需要全面了解自己。**

我是谁？
我在做什么？
我如何走到今天？
我在关系中为何受困？
一切难道真是命运使然吗？

**当潜意识的动机没有上升到意识层面，人们通常会用"命运"这个词来表达无助。**

换句话说，你并不了解真实的自己。事实上，了解真实的自己，需要透过现象看本质，透过别人对你的不好态度来看你的反应，看你反应背后的动机，看你是如何对待自己的，看你为何这样对待自己，看你如何回应别人对你的不好。

了解自己绝非易事。就像看影视剧时，作为观众的我们以"上帝视角"为剧情抓心挠肺，可剧中的主人公却很难了解自己的处境，这是因为我们与他们不在同一个维度。我们在三维，他们在二维，三维可以掌控二维，我们可以换频道或关电视，但二维永远无法知道三维存在的我们。**深度了解自己，就要突破自己的维度，进入更高的维度。**

我认为，"内在小孩"是二维空间的你，而你本人则处在三维空间，我们要做的就是让三维的你去了解二维的内在小孩。这个"内在小孩"往往有相反的两面表现：

一面以正向呈现，比如倔强、灵动、快乐、纯真、坚韧等特质，它们带领你成长至今。然而，内在小孩还有负向的一面，从而阻止你去享受美好。他会害怕、愧疚、忐忑不安、敏感多疑、否定自己、破坏关系……一次次把你引入无处藏身的死胡同。

负向特质的诞生,是因为内在小孩的某些需求或感受被"阻断了"。比如,当内在小孩自然存在时曾被无情对待(如辱骂、苛责、虐待),时间久了很可能会扭曲你的认知,使你不太能够相信自己的感受,从而发展出另一套策略,即以上所说的负向特质。这套策略并不是完全按照你的意愿,只是为了预防那些"无情的对待"再次发生——因为你的真实感受被阻断了。

故此,心灵改变就有了方向:你要更多地去了解内在小孩的负面特质,然后重新"养育"他,让他能够被好好对待、让他安心。安心意味着恐惧和焦虑的消失,改变随之发生。

改变痛苦固然有利于心灵成长,但绝不仅于此,还有两种做法,能够帮助我们走向新生。

**比如,赦免自己的"三重罪"。**

**第一重罪:颓废之罪。**每到年关,人们通常会进行总结和展望,总结过去一年的自己,展望来年的自己。有的人在总结时往往认为"自己做得不好",觉得自己又荒废了一年，碌碌无为，毫无长进，平庸且颓废。

比如，既定的目标没有完成、人际关系没有改善、工作或学习没有突破，等等，这一切都来自"没有成为想要的那个自己"，继而自我攻击，陷入自我贬低，出现抑郁的前兆。

对此，你需要"赦免颓废之罪"，从抑郁中走出来。赦免的意义在于弄清颓废的缘由。事实上，理想的自己与现实的自己永远存在差距。理想属于某种寄托和希望，是人们为之奋斗的目标，并在不断实现的过程中给人带来价值感与幸福感，从而让人投入下一个目标，永无休止。

另外，理想来自欲望。食欲也好，爱欲也罢，欲望形式多样，永无止境，所以总有无法满足的欲望、无法达成的理想，这也是为什么挫败感时常存在。

所以，颓废和对自我的不满是必然存在的。颓废是追逐欲望的基础，让你稍作休整的同时也给了你改善的机遇，给了你树立理想和目标的机会。理想与现实是一体两面，如同没有规则就不存在自由，没有痛苦就不存在幸福。所以，颓废是进取的先决条件，不满是满意的前提。故此，若想赦免自己过去一年的"颓废之罪"，不仅要接受颓废本身，还要接受"对颓废的谴责"。谴责颓废带来了反思的机会和来年的希望,毕竟越害怕,改变动机越强。也许来年的你还会继续颓废,也会继续谴责,进步却随之悄然发生,告诉自己:"我是可以颓废的,我更有权利谴责颓废。"

**第二重罪:愧疚之罪。**愧疚有两种来源,第一种是因感到"对不起他人"而激发的愧疚。那些认为自己是为孩子或父母而活的人,往往会承受这样的愧疚之罪。人们往往很难使对方完全满足,因此越依赖对方,就越捆绑自己。一旦对方感到不满,便很可能觉得自己伤了他们,从而愧疚不已。

亲密关系的双方互相满足,但谁也无法替代对方,每个人在本质上都是孤独的。你无法做到替孩子生病、替父母衰老、替所爱之人受苦,你能做的只是陪伴、倾听和照顾。然而,人会本能地相信通过依赖可以抵御孤独,因此,对方的不满会让你产生"无法依赖"和"面对孤独"的恐惧,从而激发愧疚感。越是依赖他人,你就越会舍弃自己,承受对方的情绪,而对方的情绪又进一步决定了你的愧疚。若想摆脱这份愧疚,那便要减少对他人的依赖,成为独立的个体。

第二种愧疚是"对不起心中的道德"。每个人内心都有一套"道德标准",一旦违背这套标准,就会感到羞愧和罪恶。比如：想去依赖别人，道德说你不坚强；想休息一下，不去上学或工作，道德说你懒惰和不思进取……被道德绑架之人的头上时刻悬着一把利刀，一旦越雷池半步，甚至只是在心中幻想，都会产生愧疚感、羞耻感、罪恶感，这也是很多人忏悔的重要原因。

那么，你更要"自我松绑"，告诉自己："那把刀不属于我，而是曾经被他人或外界强加的，其实它并不存在。我有权做自己想做的事情，不必为此感到羞耻。"毕竟，禁忌的对立面是突破，一个人对自己束缚越多，潜意识就越想突破。或许，对自己少一些禁忌，才不会在突破时如临深渊。

**第三重罪：叛逆之罪**。叛逆的目的在于报复和成长。

报复是对外攻击的极端表达，以牙还牙，甚至还会用伤害自己的方式报复，比如孩子用自我伤害行为激发父母的愧疚。报复本身并无罪，却容易"两败俱伤"。

至于成长中的叛逆，其本质是背叛"过去的自己"，比如过去唯唯诺诺，现在会大声表达不满；过去是个讨好之人，现在会对抗、争吵；过去是个强势之人，现在变得温和许多……我鼓励这类叛逆，鼓励砸碎道德捆绑，鼓励一个人发出心中的呐喊，鼓励为了摆脱控制所做的努力。

## 第三部分 自洽而内求，向着原本的自己生长

叛逆的风险取决于关系的另一方是否看到了你叛逆的勇气，是否看到了你的困惑与挣扎，是否看到了你在用叛逆反抗控制，并引以为重。如果看到了，那就代表你的叛逆得到了允许，你的成长会相对顺畅。然而，绝大部分叛逆的勇气是不被看到的，你的叛逆会被视为洪水猛兽，他们会想尽一切办法来镇压。这会让你质疑自己的叛逆、感到不适应或孤单失落、担心伤害对方、害怕被抛弃，等等，并认为叛逆是不应该的、有罪的。

此时，你更需要被赦免。你可以告诉自己："为了人格的自由，我必须要叛逆、要争斗，叛逆不仅无罪，还是我发动人格革命的武器，我爱我的叛逆之火。"

"被赦免"的意义重大。漫漫人生路，你在不同阶段的错误、缺点，大多都需要被赦免。在许多挣扎时刻，你需要一个告诉你"可以释怀"的声音，那个声音可以来自父母、老师、朋友、心理咨询师，也可以来自你自己。

**除此之外，"细致的回忆与反思"也能够实现自我疗愈。**

记不清我从何时养成了某种习惯，会在某个午后或深夜"细致地回忆过去"。这个习惯使我的回忆变得越来越饱

满、越来越深刻。我也会在咨询中认真倾听每个人的过往，重视他们现在与过往的任何链接。这样做有三点好处：

**第一，我们的确经历过创伤。**在反复的追溯中，我们一遍又一遍地确认：是的，是的，我们就是因为种种原因形成了创伤体验，这就是事实，必须要承认并面对。敢于面对本身就会给我们以成长的力量。

**第二，更好地理解现在的自己。**很多时候，我们对现在的自己很不满意，而通过回忆会发现很多与现在相似的事件、情绪。你会更加明白，今天的你之所以成为这样的你，之所以遇见这样的人，之所以会被同样的行为激怒，绝非命运使然，而是个人历史的积累。既然是个人历史的积累，那就需要我们对自己有足够的耐心和时间。

**第三，更加珍惜现在的拥有。**我曾不止一次地回想，我最终是如何踏上心理学这条路的。那些一路走来的辛酸，那些难以启齿的苦难，那些本不该失去的亲密，那些没来得及哀悼的分离，那些无论多努力都不出成绩的岁月，那些迷失在各种欲望中的空虚——注定我会向内走、向内看，而不是被他人的评价锁定、被外在的名利捆绑。那些看似偶然之事，实际上是必然的结果。

第三部分　自洽而内求，向着原本的自己生长

当我们经历了现实的成败与得失，体验了内心的虚荣与挣扎，收获了深刻而痛苦的反思与回忆，最终方可回归内心，珍惜现在来之不易的自己，方可有足够的心灵空间容纳成败。"敢享受成功，敢面对挫败"绝不是轻飘飘的一句话，它包含着多年生命累积的沉淀与厚重。取得如此成就的人，总有两个习惯：忆苦思甜、居安思危。所谓"忆"和"思"正是回忆与反思。为了做到这两点，我总结了以下几种思维习惯：

**第一，分阶段（时间线）回忆。**比如可以是这样的：学龄前、求学期、青年期、中年期、老年期等。你也可以按自己"脑海中的时间分类"，因为每个人在某个年龄的经历是不同的，分类最好具有你本人的独特性。

比如，我会将自己的回忆分为早年阶段、学习心理学之前阶段和学习心理学之后阶段。同时，分阶段不是单一的，是可以并存的。比如婚前婚后、养儿前后、父母去世前后、换工作前后，等等，它们都可以并存。总之，阶段的划分通常以你人生中的"大事件"为依据，而这种回忆与划分本身也具有疗愈作用。

**第二，主题回忆。**如果把你过往的人生分为不同的主

题，然后沉浸其中、细细品味，会更有意义。这样的主题有很多，比如亲子主题、婚姻主题、父母主题、金钱主题，等等。一旦养成主题回忆的习惯，你便会具有"回忆的逻辑性"（指的是你的大脑会越来越扩展、越来越清晰，好像具备了某种条理性）。比如"亲子关系主题"，你会围绕孩子从出生到现在的时间线展开联想与反思，并引发诸多情绪情感等情绪线，比如愧疚、感恩、无奈等。回忆还会引发围绕孩子的其他关系线，如夫妻关系、婆媳关系、与父母的关系等。这些时间线、情绪线、关系线都属于在回忆过程中的"自动逻辑性"，因为刚开始你并没有计划，只是确定了一个主题而已。这会极大地丰富回忆的价值。

同样，婚姻关系、同事关系、人际关系，等等，都是某种主题分类逻辑，你可以以专门的时间和精力对此进行全方位的凝视、聚焦、联想、思考。还有那些"从生命中离开的人"，这很重要，毕竟的确有很多人在我们生命中来了又走。或是因为来不及告别，或是因为一时冲动，或是因为冲突与误会、无奈与妥协、羞耻与恐惧……无论什么原因，至少这个人曾在你生命中停留过，甚至很久，诸如曾经的亲人、伴侣、知己，等等。

## 第三部分　自洽而内求，向着原本的自己生长

每次未经告别的离开都是丧失的创伤，会让心思部分留在过去，即便多年以后想起来，依旧唏嘘不已——你需要聚焦这样的回忆细节，聚焦在一起的点点滴滴，以及分开的各种感悟。这样的主题在此我分享一些，如果哪个让你更有感觉，建议在这里停留，并细细回忆、觉察，当作练习，比如：伤害我的人、生命中的贵人、我爱过的人、求学岁月、贫困的年代、早年的重要事件、孤独时刻、尴尬瞬间、难忘的童年、迷失的欲望、遗憾的人或事、我的第一次、我的成就、难忘的动植物、兴趣爱好等，除此之外也可以尽情联想属于你的其他主题。

**第三，聚焦。** 刚开始练习时，聚焦可能具有难度，因为你会本能跳过痛苦的部分。但随着心灵成长与持久练习，你就会聚焦于某个或多个点。比如，我会通宵回忆与一个人的关系，反思一种情绪、一个主题，并开始聚焦与深入，由浅入深分别是：事件、细节、情绪、感受。最让人难以持续的就是感受，是一种"分离焦虑的感觉"，而不是"对方离开自己"这件事本身。若你能在某个点同时体验这四种状态，回忆就会变得清晰可见，变得饱满复杂，犹如再次经历了一遍。

这是一种心灵书写、一种自由联想、一种把不可控变为可控的心灵之旅，具有极大的疗愈价值。回忆能够使现在的你去靠近你的内在小孩，能够使你在体验当年情绪时，也在体验此刻的感受，也在经历现在的你对过去的你的评判、分析、思考。

俗话说："不要总是低头拉车，也要抬头看路。"[1]看路即"回忆与反思"，而不是麻木地行走、强迫性忙碌、盲目性乐观。如果一个人不清晰他走过来的路线，就容易迷失在下一个路口。过去就是未来的路标。

**第四，注意事项。**"回忆与反思"绝非小事，也非一时冲动。它也有一定风险性，当然，任何值得的事情都有风险，下面我来告诉你三个注意事项。

**首先，回忆与反思是一种仪式，需要有些仪式行为。**在冥想、打坐和催眠中，进入某种状态是需要安静、安全的环境与心境，回忆与反思同理。我们无法在情绪失控时做任何事，也做不好任何事。因此，我们必须在一种平静的心态下

---

[1] 谚语，改编自刘振华《新嫁娘夜话·飘飞的纸片》："他又常常自得，因为自己熟知各类术语。例如：'长流水，不断线'，'浇花要浇根，帮人要帮心'，'低头拉车，抬头看路'。"

方可进入回忆,好似某种"有意识进入潜意识的过程",这是一种"部分退行"状态,必须绝对安全。因此,回忆与反思不可以在嘈杂、混乱、陌生的环境中进行。我们需要保持一颗平常心,确保近期没有扰人心神的大事发生,而后在安静的、不被打扰的、熟悉的、独处的地方进行,比如床上、书房、沙发等;身边准备一杯热水、一个本子、一支笔、一点喜欢的零食和水果、一个喜爱的物件、一段轻松舒缓的音乐、柔和温暖的灯光、自然舒适的穿着与姿势,等等。

**其次,不要刻意逼迫自己**。人本能逃开痛苦时,也更想要进入痛苦。后者就是一种逼迫,说明你对自己太狠了,但欲速则不达,你需要遵循内心的节奏。时间上也是如此,以五分钟、十分钟、半小时、一小时这样的时间循序渐进,在不断适应中延长时间。一旦感觉不适,或身体有剧烈反应,就要停下来,喝点水、吃点东西、看看远方、进入现实,等不适感缓解,再继续回想。如果依然无法缓解就停止,转移注意力。

**最后,最好有人陪伴**。安全的环境、仪式、内心是基础,但更需要关系的陪伴。这就是很多人会选择心理咨询师、催眠师的原因,因为当能量不足时,你很难驾驭潜意识的内容,甚至无法辨别那些感受来自过去还是现在。

所以,一边处在回忆状态,一边将其说出,情绪情感通过语言表达,将会变得可控。最好有个值得信赖的经验者认真倾听、回应、反馈、呵护,然后再次被你接听、接收、内化,这就变成了一个良性闭环,几乎不会给二次创伤留下机会。一旦养成习惯,心灵成长就会事半功倍;相反,若有人打断你,不让你回溯,只要你往前看,那便会使你的委屈感慢慢形成。

总之请记住,心灵成长是一个过程而非结果,是一个习惯养成而非临时起意,是一场不断遇见未知的自己的旅程而非对外苛求的封闭空间。这段旅程也许并不会一直舒适,但肯定会伴随着收获,如同旅途中的四季轮换,如同路边绽放的野花,如同黑夜过后的一缕阳光,如同阴雨过后的七色彩虹。

图书在版编目（CIP）数据

超负荷的女性：看见内心的渴望与恐惧 / 冰千里著. -- 合肥：安徽人民出版社, 2024.7.--ISBN 978-7-212-11748-1

Ⅰ.B842.6-49

中国国家版本馆CIP数据核字第20242EY036号

超负荷的女性：看见内心的渴望与恐惧
CHAO FUHE DE NÜXING: KANJIAN NEIXIN DE KEWANG YU KONGJU

冰千里　著

**责任编辑**：程　璇　胡小薇
**责任印制**：董　亮
**装帧设计**：王梦珂

**出版发行**：安徽人民出版社 http://www.ahpeople.com
**地　　址**：合肥市蜀山区翡翠路 1118 号出版传媒广场 8 楼
**邮　　编**：230071
**电　　话**：0551-63533259
**印　　刷**：杭州钱江彩色印务有限公司

**开本**：880mm×1230mm　1/32　　**印张**：8.25　　**字数**：140 千
**版次**：2024 年 7 月第 1 版　　2024 年 7 月第 1 次印刷

ISBN 978-7-212-11748-1　　　　　　　　　　　定价：59.00 元

版权所有，侵权必究